草莓常见病虫害诊断与防治

班丽萍 尚巧霞 祝 宁 主编

U0349671

中国农业科学技术出版社

图书在版编目（CIP）数据

草莓常见病虫害诊断与防治 / 班丽萍，尚巧霞，祝宁主编. --北京：中国农业科学技术出版社，2021. 11

ISBN 978-7-5116-5551-6

Ⅰ. ①草… Ⅱ. ①班… ②尚… ③祝… Ⅲ. ①草莓—病虫害防治 Ⅳ. ①S436.68

中国版本图书馆 CIP 数据核字（2021）第 217234 号

责任编辑	姚　欢
责任校对	贾海霞
责任印制	姜义伟　王思文

出 版 者	中国农业科学技术出版社
	北京市中关村南大街12号　　邮编：100081
电　　话	（010）82106631（编辑室）（010）82109702（发行部）
	（010）82109709（读者服务部）
传　　真	（010）82106631
网　　址	http: // www.castp.cn
经 销 者	各地新华书店
印 刷 者	北京建宏印刷有限公司
开　　本	148 mm × 210 mm　1/32
印　　张	3.75　彩插8面
字　　数	100千字
版　　次	2021年11月第1版　2021年11月第1次印刷
定　　价	20.00元

《草莓常见病虫害诊断与防治》

编委会

前　言

　　草莓作为一种经济效益较高的作物，具有生长周期短、结果早、经济效益高等特点，颇受农民喜爱，种植草莓已成为农民增收致富的项目之一。同时，草莓带有一股淡淡的清香味，果形长圆锥形，果色鲜亮，果肉软、多汁、味甜，吃起来口感非常好，既能采购，又能采摘，深得广大消费者青睐。

　　近年来草莓产业发展迅速，种植面积和总产量都稳步增长。但是草莓在生产栽培过程中，易受多种病虫为害，如果防治不得当或采取措施不及时，将会严重影响草莓的品质和产量。

　　由于病虫防控技术对专业要求高，时效性强，加之目前我国从事农业生产的劳动者对草莓病虫害的识别能力不强，常常会出现混淆病虫害或错用、误用农药的情况，造成防效欠佳、残留超标、土壤污染等问题出现，迫切需要一部浅显易懂、图文并茂的专业图书来指导草莓生产者科学防控病虫害，鉴于此，我们编写了《草莓常见病虫害诊断与防治》一书。

　　本书精选了对草莓产量和品质影响较大的19种病害和43种虫害，以彩色照片配合文字辅助，系统地介绍了草莓病虫害的为害症状、发生规律及防治方法。

　　本书文字深入浅出，易懂易学，既符合草莓生产者的需求，也可为草莓植物保护等相关技术研究工作和生产人员提供参考。需要说明的是，书中病虫草害的农药使用量及浓度，可能会因为草莓的生长区域、品种特点及栽培方式的不同而有一定的区别，在实际使用中，建议参考所购买产品的使用说明书。

　　由于编者水平有限，疏漏、错误在所难免，敬请广大读者朋友批评指正。

编　者
2021年6月

目　　录

第一章　草莓主要病害及防治技术

第一节　真菌类病害

一、草莓灰霉病（图版1-1）

[为害症状]

草莓灰霉病主要为害草莓叶、花、果梗和果实。在叶片上发病始于叶基部，产生褐色或暗褐色水渍状病斑，有时病部微具轮纹，最后蔓延到全叶，导致叶片腐烂、枯死。病部会产生灰褐色霉状物，发病后期造成叶片脱落。花器发病时，初在花萼上出现水浸状小点，后扩展为近圆形至不定形水渍状病斑，并由花萼延及子房及幼果，潮湿时幼果湿腐，产生灰褐色霉层。果实发病多发生在青果上，最初出现油渍状淡褐色小斑点，进而斑点扩大，发展后形成淡褐色斑，向果内扩展，病部也产生灰褐色霉状物，致果实湿腐软化，果实易脱落。

[病原及主要特征]

病原菌为灰霉菌（*Botrytis cinereal* Person）（图1-1），

属半知菌门。分生孢子梗丛生，褐色，有隔膜，顶部树枝状分枝，分枝末端膨大，上生小突起，每个突起上着生1个分生孢子。分生孢子卵形或椭圆形，无色，单胞，大小（9～15）微米×（6.5～10）微米。在田间条件恶化后，病部产生菌核。菌核形状不规则，黑色，较坚硬，鼠粪状。病菌寄主范围广泛，除草莓外还为害小麦、棉花、甘薯、向日葵、烟草、辣椒、莴苣、茄子、瓜类、桃、杏等多种植物的幼苗、果实及贮藏器官，分

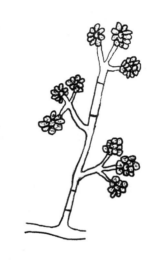

图1-1 灰霉菌分生孢子梗

别引起幼苗猝倒、成株落叶、花腐及烂果。

[病害循环]

病原菌以孢子在空气中传播、蔓延。病原菌主要以分生孢子、菌丝体或菌核在病残体和土壤中越冬，在田间可通过气流和露水进行传播。

[发生因素]

草莓灰霉病属真菌性病害，发病适温在18～25℃，相对湿度80%以上，是典型的低温高湿型病害，在田间可通过气流和露

水进行传播。通常大棚连作田块病残物多，偏施氮肥草莓徒长，易发病严重。棚内透气不良、灌水多湿度过大、种植密度大也会引起发病。在多肥、密植、下部叶子没有摘除、枝叶繁茂、株行郁闭再加上连续阴雨湿度过大时发病快、发病重。

［防治方法］

（1）农业防治：注意选择茬口实行轮作，定植前深耕，提倡高畦栽培；及时摘除老、病、残叶及感病花序，剔除病果，带出棚外深埋；进行地膜覆盖以防止果实与土壤接触，连作大棚可利用夏季对土壤进行高温消毒。

（2）化学防治：草莓匍匐茎分株繁苗期药剂预防2～3次，定植后要重点对发病中心株及周围植株进行防治。可喷洒80%波尔多液可湿性粉剂200倍液，或用50%啶酰菌胺水分散粒剂1 000倍液，或用25%啶菌·唑乳油1 000倍液，或用70%甲基硫菌灵可湿性粉剂800倍液，每7～10天喷1次，连续2～3次。注意轮换交替用药。定植前每公顷撒施25%多菌灵可湿性粉剂75～90千克后耙入土中防病效果好。保护地栽培每公顷可用45%百菌清烟熏剂3千克灭菌。

二、草莓白粉病（图版1-2、图版1-3）

［为害症状］

白粉病是草莓生产中的主要病害，特别是保护地白粉病，发生严重时，病叶率在45%以上，病果率在50%以上，严重影响草莓生产。主要为害草莓叶片和果实，在表面产生白色粉状物。

叶片发病初期在叶背面长出白色菌丝，后期菌丝密集成粉层，严重时叶正面也会出现白色粉状物，并且叶缘向上卷起。果实受害时表面有一层白粉，着色缓慢，严重时受害果面布满白粉，失去光泽并硬化，失去食用价值。

[病原及主要特征]

病原菌为羽衣草单囊壳（*Sphaerotheca aphanis*）（图1-2），属真菌界子囊菌门。菌丝体生，球形至近球形，大小60～93微米，壁细胞多角形不规则，直径4.5～24微米，附属丝3～13根呈丝状弯曲，屈膝状，最长可达子囊果直径的8倍，基部稍粗，表面平滑，有0～5个隔膜，全褐色或仅下半部褐色，有的顶部无色；子囊单个无色，宽椭圆形至椭圆形，分生孢子圆筒形或腰鼓形，串生，无色。

图1-2　羽衣草单囊壳子囊果

[病害循环]

病菌以闭囊壳、菌丝体等随病残体留在地上或在活着的草莓老叶上越冬，成为翌年初侵染来源。其主要依靠带病的草莓苗等繁殖材料进行中远距离传播。在田间，病原可通过气流传播。

[发生因素]

草莓白粉病是专性寄生菌，能否流行取决于湿度和寄主的长势。温室草莓生产整个生育期均可发生，11月至翌年4月中下旬为高发期。温度在20℃左右，相对湿度在80%以上时容易发生和蔓延，高温、高湿且有大量白粉菌菌源时易大流行。生产上栽植过密、光照不足、空气不流通、基肥不足、偏施氮肥、高温、高湿均有利于该病发生。

[防治方法]

（1）选用抗病品种：品种间抗病性有差异，宝交早生、因都卡、新明星等品种较抗病。

（2）农业防治：彻底清理棚内或田间的草莓植株、杂草及枯枝烂叶；栽植不宜过密，使植株通风通光；加强肥水管理，不要偏施氮肥；尽量不要相互串棚，避免人为传播。发现病叶病果尽早处理。

（3）生物防治：可使用生物杀菌剂2%武夷菌素水剂200～400倍液，或用寡雄腐霉（100万孢子/克）可湿性粉剂8 000倍液喷雾防治。

（4）化学防治：可选择20%三唑酮乳油1 000倍液，或用50%醚菌酯水分散粒剂4 000倍液，或用10%苯醚甲环唑水分散粒剂1 000～1 500倍液，或用4%四氟醚唑1 000倍液喷雾防治。每隔7～10天喷药1次，连续喷2～3次，在均匀喷施植株的基础上，也要注意棚内空间的喷洒，同时要注意不同药剂的交替使用，避免产生抗性。保护地栽培的也可用硫磺熏蒸技术，在温室内每百平方米1台熏蒸器，装20克硫磺粉，在傍晚开始加热熏蒸，隔日1次，每次4小时。

三、草莓炭疽病（图版1-4）

[为害症状]

草莓炭疽病主要为害叶片、叶柄、托叶、匍匐茎、果实等部位，以匍匐茎受害较重，叶片次之。在茎叶上病斑直径为3～7毫米，初为纺锤形红褐色、凹陷，后扩展为黑褐色环形圈时，病斑以上部分萎蔫枯死。浆果受害，产生近圆形病斑，淡褐至暗褐色，软腐状并凹陷，后期也可长出肉红色黏质孢子堆。该病还易导致整株草莓萎蔫死亡，发病初始1～2片叶失水萎蔫，傍晚或阴天恢复正常，发病严重时则全株枯死。观察根茎部横切面，可见自外向内发生局部褐变，主根基部与茎交界处部分发黑。

[病原及主要特征]

病原菌为草莓刺盘孢（*Colletorichum fragariae*）（图1-3，图1-4），属真菌界无性态子囊菌。

图1-3　草莓刺盘孢分生孢子　　　　图1-4　草莓刺盘孢菌丝

[病害循环]

病菌在病组织或植株残体内越冬，显蕾期开始在近地面植株的幼嫩部位侵染发病。在田间，分生孢子靠风雨传播。病菌还可随病苗、病叶、病果在异地传播。

[发生因素]

品种间抗病性差异明显。病原菌生长适宜气温为28～32℃，适宜湿度在90%以上。当气温达到25℃以上，连续阴雨或阵雨2～5天后，草莓近地面的幼嫩组织和匍匐茎易受病菌侵染。另外，草莓连作田、老残叶多、偏施氮肥、通风透光差的苗地发病严重，如果防治不及时，会在短时期内造成毁灭性损失。

[防治方法]

（1）选用抗病品种：品种间抗病性有差异，因地制宜选择抗病品种。

（2）农业防治：选择无病田作为苗床；栽植不宜过密，氮肥不宜过量，施足有机肥和磷钾肥，扶壮株势，提高植株抗病力；避免大水泼浇、漫灌；白天天气晴好时，要加大通风力度，降低大棚内的温度、湿度；采用加盖遮阳棚、滴灌、沟灌等方法；及时摘除老叶及带病残株，并带出温室集中烧毁。

（3）化学防治：草莓匍匐茎伸长时防治的关键时期，田间摘老叶及降雨的前后进行重点防治。可选用25%咪鲜胺乳油1 500倍液，或用10%苯醚甲环唑水分散粒剂1 000～1 500倍液，或用80%代森锰锌可湿性粉剂800～1 000倍液，或用70%甲基硫菌灵可湿性粉剂800～1 000倍液，或用25%嘧菌酯悬浮剂

1 000 ~ 1 500倍液喷雾，间隔7天，连续防治2 ~ 3次。要注意交替用药、喷药均匀，以延缓抗药性的产生、提高防治效果。

四、草莓黄萎病

[为害症状]

草莓黄萎病是一种土传性病害，是近年来影响草莓生产的重要病害。草莓黄萎病是一种从根部侵入、地上部表现症状的病害。主要为害叶片，新长出的幼叶表现畸形，即3片小叶中有1 ~ 2片小叶明显狭小，叶色变黄，表面粗糙无光泽，然后叶缘变褐，向内凋萎甚至死亡。被害植株根茎、叶柄、果柄横切面可见维管束褐色。根系减少，根变黑褐色，甚至腐烂，但中柱不变色。病株基本不结果或果实不膨大。除为害草莓外，还为害茄子、番茄、秋葵、甜瓜、黄瓜和棉花等植物。

[病原及主要特征]

病原菌为大丽轮枝菌（*Verticillium dohliae*）（图1-5），属真菌界无性态子囊菌。病菌形态特征：菌丝无色至浅褐色，有隔膜，分生孢子梗直立；孢子梗上有1 ~ 5个轮枝层，每层轮枝3 ~ 5根，分生孢子单细胞，无色。

[病害循环]

病菌以菌丝体或厚壁孢子或拟菌核随寄主残体在土壤中越冬，可多年存活，主要靠土壤中的植物残体繁殖，带菌土壤是病菌的主要侵染来源。病原菌附着在被害株的根和茎叶上，混入土中存活，由土壤传播。病原菌从草莓根部侵入，沿维管束上升后引起地上部分发病，同时病原菌可以通过维管束传播到匍匐茎子苗。病菌借助带病母株、土壤、水源及农具等进行传播，从植株根部伤口或直接从幼根的表皮和根毛侵入，在植株维管束内繁殖，不断扩散到植株叶及根系，引起植株系统性发病，最后干枯死亡。

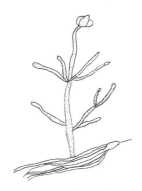

图1-5 大丽轮枝菌分生孢子梗

[发生因素]

土壤过干过湿、多年连作、氮肥施用过多或有线虫为害的地块发生更重。当气温在20～25℃的多雨夏季，此病发生严重。温室栽培一般在2—3月气温升高后开始发病。田间病情的消长受温度、湿度影响较大，当气温在20～25℃，土壤相对湿度在25%以上时，病害盛发。

[防治方法]

（1）选用抗病品种：选用抗病品种能够有效减轻该病害的发生。

（2）农业防治：实行3年以上轮作，黄萎病的病原菌也能为害茄科类作物，所以不要和茄科作物轮作，提倡与葱蒜类轮作，与水稻实行水旱轮作效果更好；加强栽培管理措施，注意草莓种植后土壤不能过干或过湿；及时摘除病老叶；发现病株要尽早拔除深埋或烧毁，以减少病菌侵染源。

（3）化学防治：发病初期用20%二氯异氰尿酸钠可溶性粉剂300倍液，或用50%苯菌灵可湿性粉剂1 000倍液，或用30%琥胶肥酸铜可湿性粉剂350倍液，浸根消毒或栽后灌根。

五、草莓根腐病（图版1-5）

［为害症状］

草莓根腐病是草莓根部的重要病害，特别是在多年种植草莓的重茬地块，严重时可造成整个草莓园区的毁灭。主要为害根部，常见有急性型和慢性型两种。急性型多在春夏两季发生，雨后叶尖突然萎凋，不久呈青枯状，引起全株迅速枯死。慢性型定植后至冬初均可发生，植株上部出现矮化或停止发育，结果产生少量小果实，嫩叶现蓝绿色，老叶叶缘变成红褐色，逐渐向上凋萎，以至枯死。挖出病株可见腐烂的根系，侧根高度腐败，根的中心柱呈红色。

［病原及主要特征］

该病害为多种病原物和环境相互作用引起，常见的病原菌有立枯丝核菌（*Rhizoctonia solani*）（图1-6）、新棒状拟盘多毛孢（*Neopestalotiopsis clavispora*）、草莓疫霉（*Phytophora fragariae*)、褐座坚壳菌（*Rosellinia necatri*）及多种镰刀菌等。

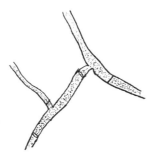

图1-6 立枯丝核菌菌丝

［**病害循环**］

立枯丝核菌主要以卵孢子在地表病残体或土壤中越夏。卵孢子在土壤中可存活多年，条件适应时即萌发形成孢子囊，释放出游动孢子，侵入植物的根系或幼根。在田间也可通过病株土壤、水、种苗和农具带菌传播。发病后病部长出大量孢子囊，借灌溉水或雨水传播蔓延，进行再侵染。

［**发生因素**］

病害发生和流行程度与当年的初侵染菌量密切相关。另外，重茬连作年限长，土壤中的病菌积累多，已成为病害流行的一个主要因素。土壤板结，地力下降，植株根部过度积水或土壤过干易于发病。大水漫灌易造成病害流行，小水浅灌或滴灌发病轻。过度密植，栽培垄过低，植株基部老叶多，垄土积水，扣棚后通气不良都会导致发病严重。

［**防治方法**］

（1）选用抗病品种：如宝交早生、丰香、新明星、杜克拉、图得拉等。

（2）农业防治：选用无病地育苗，实行轮作倒茬，草莓园要实行4行以上的轮作；清洁草莓园，减少病菌传播与积累；草莓生长期和采收后，将地里的草莓植株全部挖除干净，及时清除田间病株和病残体，集中烧毁或深埋，以免加大再侵染来源；采用高畦或起垄栽培，尽可能覆盖地膜，有利于提高地温减少发病；雨后及时排水，切忌大水漫灌；合理施肥，提高植株抗病力；草莓施肥的原则是适氮，重磷、钾，施肥应以充分腐熟的有机肥为主，施足基肥，以保证满足草莓整个生长期的要求。

（3）土壤消毒：采用氯化苦进行土壤消毒。也可在草莓采收后，将田间的草莓植株全部挖除干净后施入大量有机肥，深翻土壤灌足水后，在炎热高温季节用透明塑料膜覆盖地面20～30天，利用太阳能使地温上升到50℃左右，起到土壤消毒作用。

（4）化学防治：防治草莓根腐病关键是要抓"早"，从苗期抓起。在草莓匍匐茎分株繁苗期及时拔除弱苗、病苗，并用药预防2～3次；定植后要重点对发病中心株及周围植株进行防治，发病时可选用72%甲霜·锰锌可湿性粉剂800倍液，或用64%杀毒矾可湿性粉剂500倍液，或用72%霜脲·锰锌可湿性粉剂800倍液等连续灌根或喷洒根茎2～3次，穴灌200～250毫升，间隔期7～10天，防治效果显著。在生产中应轮换交替用药，特别是在扣棚后，草莓对药剂非常敏感，各种药剂要按低限浓度使用。同时，不得随意与其他药剂、微肥混用，以避免产生药害。

六、草莓疫霉果腐病

[为害症状]

草莓疫霉果腐病在我国分布较普遍，内陆水浇地发生尤其严重。草莓疫霉果腐病是草莓结果中后期的一种常见病害，果实受害率一般在5%~15%，严重达30%以上，造成极大损失。该病主要为害果实，有时也为害叶片、根部、花穗、果穗。青果被害病部产生淡褐色水烫状斑，并迅速扩大蔓延至全果，果实变为黑褐色后干枯硬化如皮革，病部稍稍褪色失去光泽，白腐软化呈水浸状，似开水烫过，产生臭味。

[病原及主要特征]

病原包括恶疫霉（*Phytophora cactorum*）、柑橘褐腐疫霉（*P. citrophra*）、柑橘生疫霉（*P. citricola*），均属假菌界卵菌门。恶疫霉菌丝分支较少，宽2~6微米，孢子囊卵形或近球形（图1-7），大小（33.3~39.5）微米×（27.0~31.2）微米；易产生卵孢子，卵孢子球形，大小25.5~32.8微米；生长温限8~35℃，最适温度25~28℃。

[病害循环]

病原菌以卵孢子在病果、病根等病残物中或土壤中越冬，有很强的抗寒能力，翌春条件适宜时产生孢子囊，遇水释放游动孢子，借病苗、病土、风雨、流水、农具等传播并侵染为害。

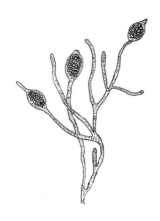

图1-7　恶疫霉孢囊梗和孢子囊

［**发生因素**］

雨水多、湿度大时容易发病；地势低洼、土壤黏重、偏施氮肥发病重；连作重茬地发病重。

［**防治方法**］

（1）农业防治：选择地势较高、疏松、排水良好的土壤种植，注意施生物菌肥和有机肥做基肥；在草莓生长发育过程中要合理施肥，注意增施有机肥和磷钾肥；及时摘除老叶和病果；保持果园通风透光透气，降低果园湿度。

（2）土壤消毒：避免草莓连作，连作草莓地需清理病残体和土壤消毒，感病地区不与桃和甘薯间作。于定植前每100平方米用氯化苦3升熏蒸消毒，施药后盖上塑料薄膜，7～10天后揭膜，再晾3～5天后栽植。

（3）化学防治：在草莓果实膨大成熟期间注意检查果实，发现果实上有褐色干枯硬化病斑，或有水渍状白腐软化病斑时，要及时防治。连续喷洒2～3次52.5%噁酮·霜脲氰水分散粒剂2 000倍液，或用64%噁霜·锰锌可湿性粉剂800倍液，或用72%甲霜·锰锌可湿性粉剂800倍液等进行防治。在采收前7～10天停止用药。

七、草莓"V"形褐斑病（图版1-6）

[为害症状]

草莓"V"形褐斑病我国分布较为普遍，部分草莓园相当严重。草莓"V"形褐斑病一般多在春季低温期盛发，此病主要为害幼嫩叶片，叶片发病初生紫褐色小斑，后扩展成黄绿色大斑；嫩叶发病常始于叶尖，沿主脉向叶基呈"V"字形扩展黑褐色小粒点，病斑褐色，边缘深褐色，病斑上可出现轮纹，后期病部生出黑褐色小粒点，一般每片叶上只生1个大斑。本病还可侵害花和果实，使花萼和花柄变褐死亡，浆果引起干性褐腐，病果坚硬，最后被菌丝所缠绕。

[病原及主要特征]

病原菌为草莓日规壳菌 [*Gnomonia fructicola*（Arnaud）Fall.]，属子囊菌亚门真菌。子囊壳在土壤中易形成。子囊孢子无色，双细胞，长纺锤形。无性态的分生孢子盘呈黏块状，分生孢子无色，单孢，椭圆形。

[病害循环]

病菌在病残体上越冬，秋冬时产生子囊孢子和分生孢子，释放出来在空中经风雨传播，侵染发病。翌年春季释放分生孢子，借风雨传播完成初侵染。病部产生分生孢子可进行再侵染，引起病害扩展蔓延。带菌种苗是病害远距离传播的主要途径。

[发生因素]

草莓"V"形褐斑病是偏低温高湿病害，春秋特别是春季多阴湿天气有利于本病发生和传播，一般在花期前后和花芽成期是发病高峰期。温室和大棚湿度大，特别是寒流过后或连阴天气、低温、高湿，植株叶片生长弱，抵抗力差，发病快而重。另外，在保护地栽培和低温多湿、偏施氮肥、苗弱光差的条件下发病重。

[防治方法]

（1）选用抗病品种：选用达娜、高岭等耐病品种。

（2）农业防治：收获后及时清除病老枯叶，集中烧毁或深埋；加强棚室温度和湿度及光照管理，适时、适量通风换气，防止湿气滞留，减少棚膜和叶面结露。

（3）化学防治：发现零星病叶时，开始喷洒40%苯甲·嘧菌酯悬浮剂1 500倍液，或用75%肟菌·戊唑醇水分散粒剂3 000倍液，或用25%吡唑醚菌脂乳油1 500倍液，或用50%嘧菌环胺水分散粒剂800倍液。

八、草莓叶斑病（图版1-7）

[**为害症状**]

叶斑病常发生在草莓生长中后期，主要为害叶片，多发生在老叶上，也可侵害叶柄、匍匐茎、果梗及果实。染病初期叶片呈水浸状深紫褐色小斑点，病斑中央呈浅褐色亮斑，病斑颜色较鲜亮，逐渐扩展斑点连片，成不规则紫褐色斑块。病斑多时，常融合成大型斑，病菌侵害浆果后，会使果肉变成黑色而丧失商品价值。

[**病原及主要特征**]

病原菌为拟盘多毛菌（*Pestalotiopsis adusta*），属半知菌门真菌。

[**病害循环**]

病菌以菌丝体或分生孢子器在病株或遗落土中的病残体上越冬，以分生孢子借风雨传播，从伤口或气孔侵入，进行初侵染和再侵染。

[**发生因素**]

温暖多湿天气、栽植过密、田间湿度大发病严重。春季保护地草莓生长后期和雨季有利于病害流行。

[**防治方法**]

（1）选用抗病品种。

（2）农业防治：控制氮肥用量，增施磷钾肥，喷施叶面肥；注意控制棚内湿度。

（3）化学防治：发病初期可用50%咪鲜胺水乳剂1 500倍液，或用50%苯菌灵可湿性粉剂1 500倍液，或用50%多菌灵悬浮剂800倍液等喷雾，7~10天喷一次。

九、草莓红叶病（图版1-8）

［为害症状］

草莓红叶病是一种新的草莓病害，主要为害草莓叶片，地上部为害症状十分明显，严重时造成整株枯死。目前该病害在欧美来源的草莓品种上发生相对较多，如甜查理、蒙特瑞等；日系来源的品种发生相对较少，发病程度也相对较轻。发病初期底层叶外边缘焦枯，主叶脉一侧呈红褐色点状斑，逐渐扩展为椭圆形或不规则形病斑，边缘呈红褐色，中央呈灰白色，病斑周围褪绿，具有黄色晕圈，后期至整叶呈褐红色，严重时整个叶片枯死，萼片周围呈焦枯状，而根茎结合部剖面未见有明显的变色。

［病原］

病原菌为棒状拟盘多毛孢菌（*Pestalotiopsis clavispora*），属半知菌门真菌。

［病害循环］

该病菌在病叶上或病残体上越冬，翌年春雨或梅雨季节，病残体上或病叶上产生菌丝体和分生孢子盘，分生孢子盘上产生大量分生孢子，病菌从伤口侵入，借雨水、耕作等传播蔓延。

[发病因素]

温暖多湿天气、栽植过密、田间湿度大发病严重。春季保护地草莓生长后期和雨季有利于病害流行。

[防治方法]

（1）购买脱毒苗繁育。

（2）农业防治：选择排水良好、土质疏松、透气性好的种植环境；随时清理大棚周围病叶或植株残体，远离种植地；栽培过程中尽量避免造成植株伤口；大田管理初期依植株成活情况和气候，控制浇水次数，降低土壤湿度。

（3）化学防治：药剂防治以育苗期为主，定植后田间土壤湿度大，一旦发病防治效果不理想。可选用45%咪鲜胺水乳剂1 000~1 500倍液，或用10%苯醚甲环唑水分散粒剂1 000~1 200倍液，或用43%戊唑醇悬浮剂3 000~4 000倍液，或用25%嘧菌酯悬浮剂1 000~1 500倍液等喷雾，每7~10天喷一次，喷2~3次。

十、草莓芽枯病

[为害症状]

草莓芽枯病又称立枯病或烂心病，为世界性分布的土壤真菌病害，也是我国草莓开花结果期发生的主要病害之一，具有传播速度快、发病范围广、为害程度大和难以治疗的发生流行特点，会直接影响草莓的产量和品质。该病主要为害花蕾、新芽、叶、叶柄基部、果梗等也可感病。植株基部发病在近地面部分初生无色光泽褐斑，逐渐凹陷，受害皮层腐烂，地上部干枯容易拔起。果实受害在病果部位出现暗褐色不规则的斑块，僵硬，最终全果干腐。

[病原]

病原菌为立枯丝核菌（*Rhizoctonia solani*）（图1-8），属真菌界无性态子囊菌。有性态为（*Thanatephorus cucumeris*）亡革菌，属真菌界担子菌门。

图1-8　立枯丝核菌分生孢子梗

[病害循环]

病菌以菌丝体或菌核随病残体在土壤中越冬，但没有合适寄主时可在土壤中生活2~3年。翌年在24℃左右的湿润环境中，可通过病苗、病土传播，栽植草莓苗遇有该菌侵染即可发病。病菌的发育适温为22~25℃，在草莓整个生长期都可发病。

[发病因素]

气温低及遇有连阴雨天气易发病，寒流侵袭或湿度过高发病重。冬春棚室栽培时，开始放风时病情扩展迅速，温室或大棚密闭时间长，发病早且重。

［防治方法］

（1）引用无毒苗：种植经过组织培养脱毒培育的无毒草莓苗，这是彻底解决芽枯病、枯萎病、根腐病等土传病害及病毒病的关键，也是日前草莓增产、增收的关键。

（2）农业防治：合理密植，防止过密栽培；栽植不可埋土过深，以上不埋心、下不露根为宜；一旦发生病株应及时拔除，集中进行烧毁或深埋，避免使用病株作母株；秧苗成活后要及时摘叶，清理苗眼土；合理灌溉，浇水宜安排在上午，浇后迅速放风降湿，防止湿气滞留，并尽量增加光照。

（3）化学防治：防治草莓芽枯病可用72%普力克水剂600倍液，或用50%多菌灵悬浮剂600~800倍液喷雾。喷药时要仔细周到，注重基部喷药，间隔7~10天1次，连喷3~5次即可。

十一、草莓蛇眼病（图版1-9）

［为害症状］

草莓蛇眼病又称草莓白斑病，是世界上各个草莓产地广泛发生的重要叶面真菌性病害，可导致植株长势衰弱、果肉变黑等，从而使草莓果实丧失商品价值。部分发病严重的大棚发病率高达80%以上，具有为害严重、传染性强、难以控制等特点。该病主要为害叶片、叶柄、果梗、嫩茎。叶片染病初期，初现褪绿斑点，后发展成中间灰白色或灰褐色、边缘紫红色的小圆斑，以后病斑逐渐扩大为直径2~5毫米大小的圆形或长圆形斑点，病斑中心为灰色，周围紫褐色，呈蛇眼状。为害严重时，病斑密布于叶片或数个病斑融合成大病斑，导致叶片坏死枯焦，并影响植株生长和芽的形成。该病发病前期和中期与褐斑病或炭疽病极其相似，易引起误诊。发病后期病斑表面着生白色粉状霉层，上有黑色小粒点。果实染病后发白，并不再变色，成为僵硬果，用手轻捏有皮革状发硬的感觉，当外界环境湿度较大时，有白色粉状霉层着生于病斑表面。

[病原及主要特征]

病原菌为杜拉柱隔孢（*Ramularia tulasnei* Sacc.），属半知菌亚门真菌。有性态为草莓蛇眼小球壳菌 [*Mycosphaerella fragariae*（Tul.）Lindau.]，属子囊菌亚门真菌。病原菌分生孢子梗丛生，分枝或不分枝，基部子座不发达。分生孢子圆筒形至纺锤形，无色，单胞，或具隔膜1～2个。子囊壳球形或扁球形，初表皮下生，后露出表面，直径90～130微米。子囊束生，长圆形或棍棒状，内含8个子囊孢子，子囊孢子卵形，无色，具隔膜1个。

[病害循环]

病菌以菌丝在枯叶病斑上越冬，也可产生细小的菌核越冬，还有的以产生的子囊壳越冬。翌春产生分生孢子或子囊孢子进行传播和初次侵染，后期病部产生分生孢子进行再侵染。病菌在温暖地区通常只有无性阶段，以菌丝体或分生孢子随种苗越冬。

[发生因素]

温暖潮湿的环境下可快速导致草莓蛇眼病的发生和流行，病菌适温为18～22℃，低于7℃或高于23℃发育迟缓。秋季和春季光照不足，天气阴湿发病重；若日光温室栽培草莓早春遭遇倒春寒或连续阴雨天气发病重且蔓延快；重茬田、种植密度大、管理粗放及排水不良地块发病重。

[防治方法]

（1）选用优良抗病品种：品种间抗性差异显著，目前生产中常用的品种有新明星、丰香、金引莓5号、章姬、千代田、森加森等。

（2）农业防治：合理轮作换茬，应尽量避免连作和重茬，间隔时间2～3年以上，前茬最好选用葱、蒜等，最大限度降低土壤中的含菌量，减少侵染源；施用充分腐熟有机肥，采用测土配方施肥技术，注意施用的有机肥要充分腐熟，适当增施磷钾肥，增强植株抗病力，有利于减轻病害；清洁田园，摘除老叶、枯叶，改善通风透光条件；采收后及时清洁田园，将残、病叶集中销毁，减少初侵染来源；适当放风排湿，也可在夏季休闲期，棚内灌水，地面盖上地膜，闭棚几日，利用高温灭菌。

（3）化学防治：发病初期可喷洒60%唑醚·代森联水分散粒剂1 500倍液，或用40%多菌灵悬浮剂800倍液，或用80%代森锰锌可湿性粉剂600倍液，或用75%百菌清可湿性粉剂500倍液，或用70%甲基硫菌灵可湿性粉剂1 000倍液，每10天喷1次，连续2～3次，采收前10天停止喷药。

（4）生物防治：发病初期，可喷90%新植霉素可溶性粉剂1 000倍液，或用10%多抗霉素可湿性粉剂900倍液，或用4%嘧啶核苷类抗菌素（农抗120）水剂200倍液，隔6天喷1次，连喷3～4次。

十二、草莓枯萎病（图版1–10）

［为害症状］

草莓枯萎病一旦发病就会迅速蔓延，很难根治，特别是随着近年设施栽培产业的发展，连作现象日趋严重，其目前已经成为草莓种植区的主要土传病害之一。轻病株结果很少、品质差，商品价值低，重者则可枯死绝收，严重危及草莓产业的持续、健康、稳定发展。草莓枯萎病多在苗期或开花至收获期发病。症状主要为害根部，初期仅心叶变黄绿或黄色，有的卷缩或产生畸形叶，致病株叶片失去光泽，植株生长衰弱，在3片小叶中往往有1～2片畸形或小叶化，且多发生在一侧。老叶呈紫红色萎蔫，后叶片枯黄至全株枯死。枯萎病与黄萎病近似，但枯萎病心叶黄化，卷缩或畸形。

［病原及主要特征］

病原菌为尖镰孢菌草莓专化型（*Fusarium oxysporum* Schl. f. sp. *fragariae* Winks et Willams），属半知菌亚门真菌。在形态上都具有尖镰孢菌的共同特征，在马铃薯蔗糖琼脂培养基上气生菌丝呈淡青紫色或淡褐色绒霉。分生孢子有大小两种：大型分生孢子生于气生菌丝或分生孢子座上，无色，镰刀形或纺锤形，有1～4个分隔；小型分生孢子生于气生菌丝中，无色，椭圆形，无隔膜或偶有1个分隔。

[病害循环]

病原菌主要以菌丝体和厚垣孢子随病残体遗落土中或未腐熟的带菌肥料上越冬。病土和病肥中存活的病原菌，成为翌年主要初侵染源。病原菌主要靠病根、病叶通过土壤和水进行扩散传播，种苗调运是病害远距离传播的主要途径。病原菌在病株分苗时进行传播蔓延。病原菌从根部自然裂口或伤口侵入，在根茎维管束内生长发育，通过堵塞维管束和分泌毒素，破坏植株正常输导机能而引起萎蔫。田间病株表面产生大量分生孢子，可借灌溉流水、地下害虫以及农事耕作活动而引起发病再侵染。

[发生因素]

重茬、连作、土壤干燥、黏重土壤发病严重。地势低洼、排水不良、地温低、耕作粗放、土壤过酸、偏施氮肥易发病。

[防治方法]

（1）土壤消毒：做好土壤无害化处理，利用太阳能高温消毒。栽前土壤消毒，可有效杀灭土壤中的病菌，降低田间病源基数，减少传播机会。

（2）选用无病苗：移栽前一定要严格进行检疫，从无病田取苗，从种苗上切断病菌的侵入。

（3）农业防治：栽培草莓与禾本科作物进行3年以上轮作，与水稻等水生作物轮作效果更好；草莓田要施用腐熟的有机肥，有条件的进行草莓配方施肥，促进健壮生长提高抗病力。

阴雨天，要注意做好疏沟排水，防止棚室内湿度过大，诱发病害发生；发现病株及时拔除，集中烧毁或深埋，病穴施用生石灰消毒。

（4）化学防治：发病初期，用70%敌克松可湿性粉剂1 000倍液，或50%多菌灵1 000倍液灌根，隔7～10天灌1次，连用2～3次。田间发生枯萎病后，采取先挖除病株，然后用25%吡唑醚菌酯悬浮剂2 000倍液，或用25%嘧菌酯悬浮剂2 000倍液，或用30%噁霉灵水剂1 000倍液等，浇灌病穴及其四周，并结合防治草莓其他病害，全面对草莓田喷洒一次药剂，对防止病害的蔓延有一定的效果。

十三、草莓菌核病

［为害症状］

草莓菌核病是在温室大棚及小拱棚栽培条件下为害严重的一种病害，是保护地草莓烂果的主要病害之一。草莓菌核病主要为害草莓的叶柄、新芽、果梗和果实。一般在冬春低温时期侵染发病，受害部位发病后变褐腐败，并在病部长出绒密的绵毛状菌丝体，最后形成不规则黑色粒状菌核，重病株引起果实腐烂和植株枯死。

［病原及主要特征］

此病病原物属子囊菌亚门核盘菌属真菌［*Sclerotinia sclerotiorum*（Lib.）de Bary.］。室内观察，菌丝经过8～10天纠集形成菌核，初为白色，后表面变黑，呈鼠粪状或不规则形，大小不等，菌核萌发一般产生1~18个子囊盘，初为淡褐色、杯状，后变成褐色并展开呈盘状，直径2~9毫米，子囊棍棒状，内含8个子囊孢子。

[病害循环]

主要以菌核在土壤中越夏越冬。3月中下旬，土壤中菌核萌发产生子囊盘及子囊孢子，子囊孢子借风雨传播，侵染叶柄和花柄，田间再侵染通过菌丝。也可由菌核产生菌丝直接侵染和蔓延。此外，带菌肥料和残留于土壤中的病组织接触草莓茎蔓基部后，也可引起发病。田间菌核在夏季浸水3~4个月后死亡，但在旱田的地面上能存活2~3年。

[发病因素]

在15℃左右、相对湿度85%以上时最利于病害的扩展蔓延。重茬地、地势低洼、栽植过密、土壤湿度大的田块发病重、草莓开花盛期最易感病，此时若遇低温连阴雨天气、光照不足，植株生长不良，极易遭受病菌的侵染，加快病害的蔓延。土壤黏重、排水不良、通风透光不良、偏施氮肥可加重病害。菌核病菌属低温型，发病适温为10~15℃，遇上连续几天10℃以下低温，则寄主抵抗力下降，发病明显加重，保护地内湿度大，低温导致茎叶结露，对侵染发病有利。

[防治方法]

（1）农业防治：实行轮作换茬与禾本科作物轮作或水旱轮作，可减轻发病；加强栽培管理合理密植；及时清理中下层老叶，减少田间荫蔽，促进通风透光；低温期要调节好温度，注意通气降湿；采用配方施肥技术，增施磷钾肥，控施氮肥，促进稳长早发；畦作垄栽，健全水系，降低田间湿度，增强抗病能力；在病株形成菌核前拔除销毁。

（2）化学防治：在发病初期用40%菌核净可湿性粉剂500倍液，或用50%啶酰菌胺水分散粒剂2 000倍液，或用50%苯菌灵可湿性粉剂1 500倍液，对草莓植株基部进行喷粗雾，连续用药2～3次，每次间隔5～7天；发病初期每公顷用10%速克灵烟熏剂3.75～4.5千克熏1次，也可于傍晚喷撒5%百菌清粉尘剂，每公顷15千克，隔7～10天1次。

第二节　细菌类病害

草莓青枯病

［为害症状］

草莓青枯病（又称茎枯病），主要为害茎部，属细菌性病害。草莓产区青枯病的发生逐渐加重，严重影响草莓的产量和品质。该病主要发生在定植初期，下位叶1～2片凋萎，叶柄下垂似烫伤状。将根冠纵切，可见根冠中央有明显褐腐现象，横切面维管束内有乳浊状细菌溢流出。一般生育期间发病甚少，一直到草莓采收末期，青枯现象才再度出现。

[**病原及主要特征**]

病原菌为青枯假单胞菌［*Pseudomonas solanacearum*（Smith）Smith］，属细菌。菌体短杆状，单细胞，两端圆，单生或双生，大小（0.9~2.0）微米×（0.5~0.8）微米，极生鞭毛1~3根；在琼脂培养基上菌落圆形或不正圆形，稍隆起，污白色或暗色至黑褐色，平滑具亮光。病菌喜高温，发育温度为10~40℃，最适温度为30~37℃，最适土壤pH值为6.6。病原菌的腐生能力很强，能在土壤中生活和繁殖。

[**病害循环**]

病原菌主要随病残体残留于土壤中或在草莓株上越冬。通过雨水和灌溉水传播，带病草莓苗也常带菌，从伤口侵入。该菌具潜伏侵染特性，能在土壤中生活和繁殖，腐生能力强。青枯假单胞菌可多次再侵染，保护地草莓则以苗期移栽携带病菌和其他传播途径引发病害。种苗带菌是远距离传播的主要途径。

[**发病因素**]

品种间的抗性有所差异。采用母株分株繁殖方式比采用匍匐茎繁殖方式发病重，若秋季连续降雨或大雨后转晴伴气温增高，则会出现发病高峰，而且发病重。久雨或大雨后转晴发病重。

[**防治方法**]

（1）农业防治：实行水旱轮作，这是预防草莓青枯病最有效的措施；避免与番茄、茄子、辣椒、马铃薯等作物连作；育苗前整平土地，高垄栽培；浇水或大雨后及时排除积水，经常清理老叶和杂草，经常通风换气；科学施肥，根据草莓生长发育所需的营养元素和需肥量，进行配方施肥，促进植株生长健壮，提高植株抗病能力。

（2）化学防治：育苗前用50%氯溴异氰尿酸可溶粉剂500倍液，或用高锰酸钾1 000倍液喷洒地面；定植时用青枯病拮抗菌浸根；发病初期开始喷洒或灌根，可用72%农用高效链霉素可溶性粉剂3 000倍液，或用50%琥胶肥酸铜可湿性粉剂500倍液，或用20%噻森铜悬浮剂400倍液，或用10%苯醚甲环唑水分散粒剂1 500倍液等，隔7～10天1次，连续防治2～3次。

第三节　其他类病害

一、草莓病毒病（图版1-11）

［为害症状］

草莓病毒病为害面广，是草莓生产上的重要病害。草莓病毒病一旦发病，病毒就会随着寄主的繁殖而扩展蔓延，连续地、越来越严重地影响草莓的生长和结果。我国各草莓产区病毒感染率很高，一般达60%～80%，严重的达90%以上，因受病毒病为害，一般减产20%～30%，严重的可达50%。草莓病毒病不仅种类多，而且其他植物病毒，如树莓环斑病毒、烟草坏死病毒、番茄黑环斑病毒等也能侵染草莓。草莓受单种病毒侵染，往往症状不明显，被复合侵染后，草莓病毒病的典型症状有花叶、黄化、坏死、皱缩、丛枝、畸形及矮化等多种典型的症状。在生产上最为常见的为花叶。1株感病的草莓植株，可能同时有多种症状出现。

[病原及主要特征]

目前世界各地已报道的可侵染草莓的病毒有20余种，我国各地草莓产区普遍发生且为害严重的主要包括草莓斑驳病毒（strawberry mottle virus，SMOV）、草莓轻型黄边病毒（strawberry mild yellow edge virus，SMYEV）、草莓皱缩病毒（straw berry crinkle virus，SCV）、草莓镶脉病毒（strawberry vein banding virus，SVBV）四种。

[病害循环]

病毒不能在病残体上越冬，只能以种植的草莓植株和多年生杂草作为寄主存活越冬。翌年可通过菟丝子飞虱、蓟马、蚜虫传染，也可通过嫁接和整枝打杈等农事活动传染，但不能通过种子或花粉传染。

[发病因素]

高温干旱有利于蚜虫繁殖和为害草莓，传毒率高，发病严重。管理粗放，田间杂草丛生的地块发病重。

[防治方法]

（1）培育无毒苗：培育和繁殖草莓无病毒母株栽培、栽植无毒种苗，是防治草莓病毒病经济有效的措施。

（2）土壤处理：栽植草莓前，每亩用65%代森铵可湿性粉剂1千克，拌细土15～20千克，拌匀后沟施或穴施。

（3）农业防治：注意田间清洁卫生，及时清除草莓地的枯枝落叶及田边杂草，及时拔除病株，摘除病叶销毁等，对防止或减轻发病均有一定的效果。

（4）防治蚜虫：以减少病毒的再次侵染，延长无病毒种苗的栽植年限。在蚜虫发生严重的地区，从苗期开始防治蚜虫，对减少草莓病毒病的侵染有良好的防治效果。

（5）化学防治：发病初期开始喷药，常用药剂有1.5%植病灵乳剂1 000倍液、抗毒剂1号水剂300倍液、20%毒克星盐酸吗啉胍·铜可湿性粉剂500倍液。每隔10～15天防治1次，共防治2～3次。

二、草莓黏菌病

[为害症状]

黏菌通常为一类自由生活的原始生物，在植物表面附生而寄生，其对植物的为害主要是遮蔽阳光影响光合作用，并黏附在寄主表面影响呼吸作用和其他生命活动，严重时造成寄主生长衰弱甚至死亡。发病初期寄主表面布满淡黄色黏液，后期产生圆柱形孢子囊。孢子囊淡黄色，周围蓝黑色，有白色短柄，排列整齐，覆盖在叶片、叶柄和茎上。受害组织不能正常生长，或因其他杂菌感染而腐烂。该菌虽然不是寄生性的，但对草莓抑制作用十分明显。

[病原及主要特征]

病原菌为半圆双皮菌［*Diderma hemisphaericum*（Bull.）Hornem.］和白柄菌［*Diachea leucopodia*（Bull.）Rost.］，均属菌物界裸菌门。半圆双皮菌的子实体具有凸镜状柄孢囊，囊被表面沉积有光滑的层状钙质结构，为紧密排列的圆球形颗粒。

[病害循环]

黏菌以孢子囊在植物体、病残物或地表等处越冬。休眠中的孢子囊有极强的抗低温、抗干旱的能力，一般从近地面部位向上爬升，可达上层叶片和浆果上，使植株各部位发病。可随繁殖材料及风雨进行传播。

[发生因素]

凡是有植物生长或植物残体存在，只要温度、湿度条件合适，就会有黏菌生存。高温潮湿有利于草莓黏菌的发生和蔓延；管理粗放，杂草丛生，氮肥过多，群体旺发，郁闭潮湿，或将草莓种在葡萄或果树行间，均有利病害的发生。

[防治方法]

（1）农业防治：选择地势高燥、平坦地块及沙性土壤栽植草莓；雨后及时排水，灌溉要防止大水漫灌，防止积水和湿气滞留；及时清除田间杂草和残体败叶，栽植不可过密，防止植株郁闭。

（2）化学防治：发病初期及时喷施45%特克多悬浮剂3 000倍液，或用50%多菌灵可湿性粉剂600倍液进行防治。采收前7天停止用药。

三、草莓根结线虫病

[为害症状]

草莓根结线虫病是草莓种植中的一种主要病害，主要为害草莓根部，受害后会造成草莓减产10%～20%，发病严重的田块甚至可减产一半以上。受害植株根系出现很小的根结，侧生营养根增生，根系不发达，地上部分生长弱，叶片变黄，最终植株萎缩枯死。被害草莓根部有大小不等的根结，剖开病组织可见到大量成团蠕动的线虫埋于其内，根系不发达，整个根系形成零乱如发的须根团，失去根系生长的活力，草莓生长不良。

[病原及主要特征]

主要以根结线虫属的*Meloidogyne hapla*为主，局部地区由*M. javanica*和*M. incognita*引起。线虫幼虫线形，成虫异形。雌虫梨形、卵形或柠檬形（图1-9）。尾部退化，肛门和阴门位于虫体的末端。角质膜有环纹。肛阴周围的角质膜形成特殊的会阴花纹。雄虫长圆形（图1-10），体长1 000～2 000微米。体表环纹清楚侧线多为4条，唇区稍突起，无缢缩。2龄幼虫线形，唇区有1～4个粗环纹。口针纤细，一般为12～15微米，尾部有明显的透明区，尖端狭窄，外观呈不规则状。

[病害循环]

主要以卵和幼虫越冬，从卵孵化的根结线虫的幼虫自根顶端侵入草莓根组织，并在其中吸收根系养分，引起薄壁细胞的畸形发育，形成凸起的瘤状虫瘿。线虫在虫瘿内吸食草莓根系汁液，发育生长，经过5龄后变成成虫，成虫交配后，雌虫定居原处继续为害，雄虫离开虫瘿到土壤中，钻入其他虫瘿与雌虫交配。雌虫产卵后死亡，卵在土壤中孵化成幼虫，进行再侵染。条件适宜时，根结线虫一年可以发生数代。

图1-9 雌虫   图1-10 雄虫

[发病因素]

连年种植草莓的大棚，棚内土壤中积累的根结线虫增多，发病严重。根结线虫在通气良好、质地疏松的沙壤土中发生重。

[防治方法]

（1）选用抗性较强的优良品种：生产上比较好的品种主要有日本的佐贺99、丰香、新明星等。

（2）农业防治：实行轮作换茬，可与芋头、大豆、花生、胡萝卜等作物轮作，种植瓜类作物的棚室也不宜种植草莓；加强栽培管理。一是注意田园清洁卫生，及时清除杂草和残株，一旦在棚室内发现根结线虫为害的植株，应定点进行清除，带出室外处理，这对降低发病基数作用显著。二是用旋耕机深翻土壤，将含有病残体及耕作层中的线虫翻压深埋，压低病害传播的基数。

（3）土壤消毒：草莓种植前用氯化苦熏蒸处理土壤，或用1.8%阿维菌素乳油3 000倍液浇灌穴，每穴0.1～0.25克，然后定植覆土，防治效果可达85%～90%。

（4）化学防治：棚室土壤在翻耕前，必须施药杀灭线虫，可每亩用1.5～2千克噻唑磷，再加点生石灰，为了使药量撒施均匀，在棚室草莓开花前使用5%噻唑磷可溶液剂1 000倍液灌根，有较好的杀线虫效果。

四、草莓缺素症（图版1-12）

［发生与危害］

草莓缺素症是一类重要生理性病害，在局部地区发生。草莓在生长过程中缺少不同的元素会表现出不同的症状，但都会影响草莓植株的正常生长发育。

［症状］

草莓缺氮：草莓刚开始缺氮时，叶子逐渐由绿色向淡绿色转变，随着缺氮加重，叶片变为黄色，而且比正常叶略小。老叶的叶柄和花萼则呈微红色，叶色较淡或呈亮红色。幼叶呈绿色，成熟叶早期现锯齿状红色，老叶变黄或局部焦枯。

草莓缺磷：初表现为叶片深绿，比正常叶小，严重时上部叶片呈黑色，具光泽，下部叶片为淡红色至紫色。缺磷植株的花和果比正常植株要小，有的果实偶尔有白化现象。根部生长正常，但根量少，颜色较深。叶色呈青铜色至暗绿色，叶面近叶缘处呈现紫褐色斑点，植株生长不良，叶小。

草莓缺钾：初期常表现在新成熟的上部叶片上，叶边缘出现黑色、褐色和干枯，继而发展为灼伤状，还可在大多数叶片的叶脉间向中心发展为害，包括中肋和短叶柄的下面叶子，几乎同时从叶片到叶柄发暗并逐渐干枯或坏死。老叶的叶脉间产生褐色小斑点。

草莓缺铁：幼叶黄化、失绿，开始叶脉仍为绿色，叶脉间变为黄白色。严重时，新长出的小叶变白，叶片边缘坏死或小叶黄化（仅叶脉绿色），叶子边缘和叶脉间变褐坏死。新出叶叶肉褪绿变黄，无光泽，叶及叶脉的边缘仍为绿色，叶小、薄，严重的变为苍白色，叶缘变为灰褐色枯死。

草莓缺钙：多出现在开花前现蕾时，新叶端部及叶缘变褐呈灼伤状或干枯，叶脉间褪绿变脆，小叶展开后不能正常生长，根系短、不发达，易发生硬果。多发生在草莓开花前现蕾时，新叶端部产生褐变或干枯，小叶展开后不恢复正常。

草莓缺镁：最初上部叶片边缘黄化和变褐枯焦，进而叶脉间褪绿并出现暗褐色斑点，部分斑点发展为坏死斑。枯焦加重时，基部叶片呈现淡绿色并肿起，枯焦现象随着叶龄的增长和缺镁程度的加重而发展。在老叶的叶脉间出现暗褐色的斑点，部分斑点发展为坏死斑。

［发病因素］

土壤瘠薄，施用有机肥不足或管理跟不上，易发生缺素症；土壤pH值偏高或偏低，导致营养元素不能被吸收；偏施某元素肥料，易影响其他元素的吸收。

［防治方法］

（1）农业防治：施足充分腐熟的有机肥或酵素菌沤制的堆肥，采用配方施肥技术，科学合理地配置各要素。

（2）喷施叶面肥：应急时，可根据症状喷施所需元素的叶面肥溶液，一般每隔7~10天喷1次，连喷2次。

五、草莓畸形果（图版1-13）

［发生与危害］

畸形果在草莓生产中发生的概率较高，发生严重时畸形果率可达30%以上，严重影响草莓的产量和品质。

［症状］

果形不正，过肥或过瘦，呈鸡冠状或扁平状或凹凸不整等不规则的形状。

［发病因素］

（1）品种差异：在草莓主栽品种中，宝交早生、春香等多为正常完全花，而有些品种易出现雄蕊短、雌蕊长的花，雄蕊发育不良，雌性器官育性不一致，易发生畸形果。草莓花粉稔性低的品种往往畸形果的发生率低。

（2）授粉昆虫：棚室内授粉昆虫少，或由于连续阴雨低温等不良环境影响导致授粉昆虫活动少，或花朵中花蜜和糖分含量低，导致授粉不佳。

（3）温度和湿度：低温或高温或高湿，都易引起畸形果的发生。温度在0℃以下会导致柱头变黑，丧失受精能力；在35℃以上，会导致花粉发育不良。湿度过高会影响花药开裂，且棚内出现大量水滴冲刷柱头，不利于授粉。

（4）花期喷药：花期喷药易引起畸形果发生，特别是当日开放的花朵更是如此。花期喷药，不仅抑制花粉发芽，而且易杀死蜜蜂及花蝇类等授粉昆虫。

[防治方法]

（1）选育优良品种：选择花粉量多、耐低温、畸形果少、育性高的品种，如春香、丽红、丰香、宝交早生、红衣、甜查理、童子一号、章姬等。

（2）调控温度和湿度：尽量将温度控制在10~30℃，开花期相对湿度控制在60%以下，白天防止35℃以上高温出现，夜间防止5℃以下的低温出现。

（3）加强栽培管理：灌水盖膜，利用有机肥腐熟产生的酵热（高达60℃）清洁土壤、消灭菌源，采用配方施肥技术增强土壤肥力，以保证植株生长健壮，增强群体抗逆能力；落花后摘除花序顶果、弱势侧芽和衰老病叶，可增加全株质量，提高果实糖分；保持棚室整洁通透，增强植株光合效率；冬季棚室内阳光不足，要以增加光照为主。

（4）花期放蜂授粉：放蜂传粉是促进授粉受精、防控草莓畸形果形成的有效措施。在花期前3天，将蜂箱置于棚内向阳处，蜂箱底围铺麦草以增加箱内温度，辅以蔗糖水（1∶1），并保持棚室通风，促使蜜蜂提高采粉力，严禁使用农药。

（5）科学用药，适时防治：草莓生长期的病害以白粉病和灰霉病为重。应勤检查、早发现，将发病中心及时控制在为害扩展前。选用生物农药和高效、低毒、低残留的化学农药，且合理混配交替，严格控制用药次数和用药量。杜绝花期及小果期用药。

第二章 草莓主要虫害及防治技术

第一节 螨类

一、二斑叶螨（图版2-1、图版2-2）

[分布与为害]

二斑叶螨（*Tetranychus yrticae* Koch），别名棉叶螨、棉红蜘蛛、二点叶螨、黄蜘蛛，属蛛形纲蜱螨目叶螨科，是世界上主要害螨。在全国各地分布广泛，主要为害草莓、苹果、梨、柑橘、西瓜、棉花、豆类、高粱、玉米等，寄主多达150多种。主要在叶片背面刺吸汁液，为害初期叶片正面出现针眼状枯白小点，随着害螨数量增加，为害加重，叶背面逐渐变暗褐色，叶面失绿，整个叶片枯白，严重时会造成大量落叶。

[形态识别特征]

成虫：雌螨体长0.43～0.53毫米，宽0.31～0.32毫米，椭圆形。夏秋活动时常为砖红或黄绿色，深秋多变为橙红色，滞育越冬，体色变为橙黄色。雄螨体长0.36～0.42毫米，宽0.19～0.25毫米，近菱形，比雌螨小，淡黄色或淡黄绿色，活动较敏捷。

卵：直径0.12毫米，球形，有光泽，初产时乳白色半透明，后转为黄色，随胚胎发育颜色逐渐加深，临孵化前出现2个红色眼点。

幼螨：半圆形，淡黄色或黄绿色，足3对。

若螨：椭圆形，足4对，静止期绿色或者墨绿色。

[**发生规律及特点**]

北方一年发生12～15代，南方20代以上，为害草莓的一般只有3～4代。二斑叶螨以雌螨在土缝、枯枝落叶下、杂草等处越冬。早春气温均温达6℃时越冬雌螨开始活动，平均气温达到7℃时开始产卵繁殖，卵期10余天，成虫开始产卵至第一代幼虫孵化盛期需20～30天。随气温升高繁殖加快，世代重叠严重。露地草莓以5月下旬至7月为为害期盛期，10月后陆续进入越冬。在温暖干燥的环境下繁殖快，每雌可产卵50～110粒，两性生殖，亦可孤雌生殖。喜群集叶背主脉附近并吐丝结网为害，通过吐丝下垂或随风扩散传播。

[**防治方法**]

（1）农业防治：及时清除杂草、病残体和老叶虫叶，减少越冬虫源。

（2）化学防治：可选用10%吡虫啉可湿性粉剂1 000～1 500倍液，或用73%克螨特乳油2 000倍液，或用15%哒螨灵乳油2 000倍液，或用10%联苯菊酯乳油2 000～2 500倍液等喷雾，每7天用一次药。注意经常更换农药品种，避免产生抗性。

（3）生物防治：释放天敌，主要有捕食螨、六点蓟马、小花蝽、大眼长蝽和小型捕食性甲虫等。生产中可释放巴氏钝绥螨每亩70～100袋，或用智利小植绥螨每亩2～3瓶，或用加州新小绥螨每亩6瓶。

二、朱砂叶螨（图版2–3）

［分布与为害］

朱砂叶螨［*Tetranychus cinnabarinus*（Boisduval）］，亦名红叶螨、棉红蜘蛛，属蛛形纲真螨目叶螨科。在全国均有分布，是温室和大棚栽培的重要害虫。主要为害草莓、茄子、辣椒、瓜类、豆类、棉花、玉米、苹果、桃、向日葵、月季、金银花等。常密集在叶片背面刺吸植株汁液，叶片出现失绿小斑点，造成叶片苍白，植株生长萎靡，严重时叶片枯焦脱落，田块如火烧状。虫口密度大时，可在叶片表面结一层白色丝网，影响植株光合作用。

［形态特征］

雌螨：体长0.42～0.56毫米，宽0.26～0.33毫米，背面观卵圆形，红色，渐变锈红或红褐色，无季节性变化。体两侧有黑斑2对，前1对较大，在食料丰富且虫口密度大时前1对大的黑斑可向后延伸，与体末的1对黑斑相连。足4对，无爪，足和体背有长毛。雄螨：比雌螨小，体长0.3～0.4毫米。背面观略呈菱形，腹部瘦小，末端较尖。体色呈红色或淡红色。

卵：圆球形，直径约0.13毫米，有光泽，初期无色，逐渐变成橙黄色带红点。

幼螨：初孵幼螨为1龄，近圆形，淡红色，长0.1～0.2毫米，足3对。

若螨：若螨为幼螨蜕1次皮后为第1若螨，比幼螨稍大，略呈椭圆形，体色较深，体侧开始出现较深的斑块，足4对。雄若螨老熟后蜕皮变为雄成螨。雌性第一若螨蜕皮后成第二若螨，体比第一若螨大，再次蜕皮才成雌成螨。

[发生规律及特点]

北方一年可发生7～12代，南方20代以上，在华北以滞育态雌成螨在枯枝、落叶、土缝或树皮中越冬，在华中以各种虫态在杂草中或树皮缝越冬，在华南及北方温室可全年繁殖为害。4月下旬至5月上旬从杂草等越冬寄主迁入草莓田，首先在田边点片发生，再向周围植株扩散，在植株上先为害下部叶片，再向上蔓延。其生长发育最适温度在29～31℃，相对湿度35%～55%，高温低湿发生严重，露地草莓以6—8月受害最重。

[防治方法]

参考二斑叶螨。

三、截形叶螨

[分布与为害]

截形叶螨（*Tetranychus truncatus* Ehara），属真螨目叶螨科叶螨属，别名红蜘蛛、棉叶螨。分布在全国各地，主要为害草莓、番茄、青椒、马铃薯、玉米、瓜类、豆类等。以若螨和成螨群聚于叶背吸取汁液，使叶片呈灰白色，出现枯黄色小斑点，严重时叶片干枯脱落，影响生长，缩短结果期、造成减产。

[**形态特征**]

雌螨：体长（包括喙）0.53毫米，体宽0.31毫米，椭圆形，深红色，足及颚体白色，体侧有黑斑。

雄螨：体长（包括喙）0.37毫米，体宽0.19毫米，体黄色，阳具柄部宽阔，末端弯向背面形成一微小的端锤，背缘呈平截状，末端1/3处有一凹陷，端锤内角圆钝，外角尖利。

[**发生规律**]

一年发生10～20代，在华北地区以雌螨在枯枝落叶或土缝中越冬，华中地区以各种虫态在杂草或树皮缝越冬，在华南地区及北方温室可全年繁殖为害。早春气温达10℃以上，越冬成螨开始活动并大量繁殖，多于4月下旬至5月中上旬进入草莓田，先是点片发生，随后迅速扩散蔓延。虫口数量过大时，常在叶端群集成团，借助风传播，扩散蔓延。

[**防治方法**]

（1）农业防治：合理灌溉并施肥，适当少施氮肥，增施磷肥。

（2）化学防治：可采用73%克螨特乳油1 000～2 000倍液，或用2.5%天王星乳油3 000倍液，或用20%双甲脒乳油1 000～1 500倍液等，隔10天左右用药一次，连续防治2～3次。采收前7天停止用药。

（3）生物防治：释放捕食螨、草蛉等天敌。

四、土耳其斯坦叶螨

[分布与为害]

土耳其斯坦叶螨（*Tetranychus turkestani* Ugarov et Nikolski），属蛛形纲蜱螨目叶螨科。主要分布在新疆，除为害草莓外，还为害苹果、葡萄、梨、豆类、玉米、马铃薯、荠菜、茄子、萝卜、白菜、黄瓜、棉花、高粱等。以成虫和若螨在叶片背面刺吸汁液，初现褪绿小白点，后叶面变灰白色或橘黄色至红色细斑，严重影响植株光合作用。

[形态特征]

雌螨：体长约0.54毫米，宽约0.26毫米，体卵形或椭圆形，黄绿色。须肢端感器柱形，端感器较背感器长。气门沟末端呈"U"形弯曲，后半体背表皮菱形。各足爪间呈3对针状毛。

雄螨：体长约0.33毫米。阳具柄部向背面形成1个大型端锤，其近侧突起钝圆，远侧突起尖利。

卵：圆球形，黄绿色。

[发生规律]

北方一年发生12~15代，以雄成螨于10月中下旬开始群集在向阳处的枯叶、杂草根际及土块、树皮缝隙处潜伏越冬。以两性生殖为主，也可孤雌生殖，卵产在田间杂草上。起初点片发生，后向四周蔓延扩散，高温干燥易猖獗。

[防治方法]

（1）生物防治：释放捕食螨、草蛉等天敌。

（2）化学防治：可选用20%甲氰菊酯乳油2 000倍液，或73%克螨特乳油1 000倍液，或用10%吡虫啉可湿性粉剂1 000～1 500倍液，或用15%哒螨灵1 500倍液等，每7～10天用药一次，连续施药2～3次。采收前14天停止用药，注意轮换交替用药，避免产生抗药性。

第二节　蚜虫类

一、桃蚜（图版2-4）

[分布与为害]

桃蚜［*Myzus persicae*（Sulzer）］，又名桃赤蚜、腻虫，属同翅目蚜科。在全国草莓产区均有分布，多有发生，在草莓花期大批桃蚜迁入草莓田，聚集于花序、嫩叶、嫩心和幼嫩蕾上刺吸汁液，造成嫩头萎缩，嫩叶皱缩卷曲、畸形，导致植株不能正常抽叶，还会传播病毒，为害普遍且严重。

[形态特征]

成虫：有翅胎生雌蚜体长1.6～2.1毫米，无翅胎生雌蚜体长2.0～2.6毫米，体色多变。头胸部黑褐色，腹部绿、黄绿、褐、赤褐色，体表粗糙，第7～8节有网纹。腹管细长，圆筒形，端部黑色，额瘤明显。

卵：长约1.2毫米，长椭圆形，初为绿色，后变为黑色有光泽。

若虫：体小似无翅胎生雌蚜，淡红或黄绿色。

[发生规律]

在北方一年发生10余代，南方30～40代，世代重叠极为严重。以卵越冬，温室内终年繁殖为害，翌年3月中下旬开始繁殖孵化，4—5月出现有翅迁飞蚜，飞向各种大田作物，开始在草莓的心叶或嫩头及花蕾花序上繁殖为害。发育最适温度为24℃，高于28℃时不利于桃蚜的生长繁殖。10月间有翅蚜飞回到桃树上产生有性蚜，交尾后产卵越冬。

[防治方法]

（1）农业防治：及时清理田间杂草、病残体，减少虫源；保护地可采取高温闷棚的方式，消灭棚内虫源。

（2）物理防治：使用粘虫黄板诱杀有翅蚜虫；利用银灰色对蚜虫的驱避作用，可用银色薄膜代替普通地膜。

（3）化学防治：可选用的药剂有43%联苯肼酯乳油2 000倍液，或用10%吡虫啉可湿性粉剂1 000～2 000倍液，或用50%杀螟硫磷乳油800～1 000倍液，或用50%抗蚜威水分散粒剂2 500倍液，或用2.5%溴氰菊酯乳油3 000倍液喷雾。保护地栽培的，可于傍晚密封棚室，每亩用12%哒螨·异丙威烟剂0.2～0.3千克，或用15%异丙威烟剂0.4千克熏治。在蚜虫初发期每隔6～7d熏1次，连续2～3次。

（4）生物防治：保护并利用天敌，主要天敌有食蚜蝇、异色瓢虫、草蛉、蚜茧蜂、花蝽、猎蝽、姬蝽等。

二、草莓根蚜

［分布与为害］

草莓根蚜（*Aphis forbesi* Weed），属同翅目蚜科。局部地区有发生，但不普遍。主要群集在草莓根茎处的心叶及茎部刺吸汁液，致使草莓株生长不良，新叶生长受抑制，严重时整株枯死。

［形态特征］

无翅胎生雌蚜：体长1.5毫米，体肥，腹部稍扁，全体青绿色。

若虫：体略带有黄色，形似成蚜。

卵：长椭圆形，黑色。

［发生规律］

北方以卵越冬，南方则以无翅胎生雌蚜越冬，卵产在叶柄处。越冬卵自翌春孵化在植株上为害，5—6月为繁殖为害盛期。

［防治方法］

（1）农业防治：与非寄主作物2年或3年轮作；在定植草莓苗时，进行一次彻底的深耕，减少虫源。

（2）化学防治：在叶片、花蕾及茎部等地上部均匀喷施10%吡虫啉可湿性粉剂1 000倍液，或用20%双甲脒乳油1 500倍液，或用25%抗蚜威水分散粒剂2 500倍液等。

第三节　粉虱类

草莓粉虱（图版2-5）

[分布与为害]

草莓粉虱 [*Triaieurodes vaporariorum*（Westwood）]，又称温室白粉虱，属同翅目粉虱科。草莓粉虱是华北及豫西局部地区为害草莓的重要害虫，主要为害草莓、黄瓜、番茄、茄子、辣椒、生菜等作物，在保护地栽培中为害日益严重。成虫和若虫群集于叶背，刺吸汁液，使叶片变黄，影响植株的正常生长发育。另外，成虫和若虫在刺吸植株同时会分泌大量蜜露，残留于叶面和果实上，引起煤污病的发生，严重影响叶片的光合和呼吸作用，造成叶片萎蔫，甚至植株枯死。

[形态特征]

成虫：体长约1毫米，身被白粉，翅2对。停息时双翅在体上合成屋脊状如蛾类，翅端半圆状，遮住整个腹部，翅脉简单，沿翅外缘有一排小颗粒。

卵：长椭圆形约0.2毫米，黏附于叶背。初产时淡绿色，有蜡粉，而后渐变褐色，孵化前黑色。

若虫：体扁圆，分节不清，淡黄色。

[发生规律]

成虫和若虫聚集于叶片背面，一片叶背可出现数十头成虫聚集、交尾、产卵。在北方地区一年可发生10余代，不能越冬，大棚内也不能越冬，只能以各种虫态在日光温室内越冬繁殖。早春温室内虫口密度较小，随气温回升以及温室通风，逐渐向露地迁移扩散，7—8月虫口密度增长最快，为害严重。9月中旬，气温下降后，又向温室内转移。

[防治方法]

（1）农业防治：及时清除前茬作物的残株和草莓田周围杂草。

（2）物理防治：在温室内悬挂黄板诱杀成虫。

（3）生物防治：人工释放丽蚜小蜂等天敌昆虫。

（4）化学防治：可选用10%扑虱灵乳油1 000倍液，或用25%灭螨猛乳油1 000倍液，或用2.5%联苯菊酯乳油4 000倍液等。温室内可用15%异丙威烟雾剂熏蒸灭虫。

第四节　甲虫类

褐背小萤叶甲

[分布与为害]

褐背小萤叶甲［*Galerucella grisescens*（Joannis）］，属鞘翅目叶甲科。主要分布于甘肃、江苏、湖北、湖南、广西、四川、贵州、黑龙江等地，是草莓上的重要害虫，以成虫和幼虫取食嫩头、叶片、叶柄、蕾和花，有时剥食浆果表面。成虫和幼虫食性相同，喜阴，多躲在叶背或心叶间为害。幼虫一面取食一面向前推进，除此以外很少活动。晴暖天气为害加剧，伏旱期间，成虫躲在叶层下面，常数头至十多头群集一起，啃食叶柄多汁部分以补充水分，被啃叶片迅速萎蔫死亡。

[形态特征]

成虫：褐色，全身被毛。体长3.7～5.5毫米，宽2.2～2.4毫米。头、前胸和鞘翅黄褐至红褐色。触角黑褐至黑色，小盾片黑褐色。雄虫腹部暗褐色，死后变黑。足黑褐色。腹部末端1～2节红褐色。头较小，额唇基较高隆起，头顶较平，有密毛。触角约为体长之半，向末端渐粗，第1节棒状，第3节为第2节的1.5倍，第4节约与第2节等长。前胸背板宽略大于长，两侧边框细，中部之前膨阔，基缘中部向内凹进深。表面刻点粗密，中部有一大块倒三角形无毛区域，中部两侧各有1明显的宽凹。小盾片三角形，末端圆形。鞘翅基部远宽于前胸背板，肩瘤显突，翅面刻点粗密。足较粗壮，前足基节窝开放，爪双齿式。

卵：卵粒呈卵圆形，顶端微尖。长0.47～0.49毫米，宽0.43～0.46毫米。竖置。初产鲜橘黄色，渐变暗，孵化前灰黄色，内部变黑。卵产成块，平均每块有卵20粒。

幼虫：幼虫腹部较宽，头较小，尾部较尖。头暗褐色，体污黄绿色，毛片大，黑褐色，覆盖体表大部分。老龄幼虫长56毫米。

蛹：幼虫老熟时体色渐变黄，预蛹和新蛹鲜橘黄色，蛹壳老化黑色素沉着后变为黑色。离蛹以腹部末端分泌胶质固着在叶背。

[发生规律]

在春秋季，卵期13～20天，幼虫期19～25天，蛹期6～9天；夏季期间卵期为6～8天，幼虫期16～20天，蛹期4～6天。田间世代重叠，而且成虫和幼虫同期为害。全年出现2个为害高峰，第一个为害高峰是越冬代成虫和第一代幼虫，于4月中旬至5月为害蕾花期的嫩头、叶和蕾、花和幼果，影响浆果产量和质量；第二个为害高峰是第一、第二代成虫和第二、第三代幼虫，于6—8月间大量为害叶片，严重影响草莓的产量和质量。

[防治方法]

（1）农业防治：移栽前，深耕翻土地；避免连作；清除附近蓼科杂草；冬季彻底清洁田园，减少越冬基数；及时摘除老叶、病叶和虫叶，并及时销毁。

（2）化学防治：防治可选用40%辛硫磷乳油1 000～1 500倍液，或2.5%溴氰菊酯乳油2 000倍液，或10%啶虫脒乳油1 000倍液等喷雾。不可随意加大浓度和使用次数，以防止产生药害和产生畸形果。

第五节 金龟子类

一、黑绒金龟甲（图版2-6）

[分布与为害]

黑绒金龟甲［*Malaera orientalis* Motschulsky］，又名东方

金龟子、天鹅绒金龟，属鞘翅目鳃金龟科。国内各省几乎都有发生，为害草莓、苹果、梨、桃、李、杏、枣、葡萄、樱桃、大豆、玉米、棉花等100多种植物。以成虫取食嫩芽、新叶和花器造成为害。

[形态特征]

成虫：小型，体长6～9毫米，宽5～6毫米，体近卵圆形，初为棕褐色，后为黑褐色至黑色，背黑褐至黑色短绒毛，体表有丝绒状闪光。触角小，赤褐色，9～10节。鞘翅有9条刻点沟，有似条绒状的10条纵列隆起带。

卵：椭圆形，长径1～2毫米，短径0.8毫米，初产时乳白色，有光泽，孵化前色泽变暗。

老熟幼虫：体长14～16毫米，头部黄褐色，头部前顶毛每侧各1根，触角基膜上方每侧有1个棕红色单眼，胴部乳白色，多皱褶，被黄褐色细毛。

蛹：体长6～9毫米，黄色，头部黑褐色。末节略呈方形，两后角各有1个肉质突起。

[发生规律]

北方各省一年发生1代，以成虫在土中越冬。翌年3月中旬出土活动，4月中下旬至6月中旬为发生为害盛期，多群集为害。于傍晚取食和交尾，雌虫在土中产卵，幼虫以腐殖质和嫩根为食，8月中旬羽化为成虫。成虫于傍晚温室无风的天气出土为害较多，3～4小时后于21：00—22：00自动落入土中潜伏。成虫有趋光性、假死性。

［防治方法］

（1）物理防治：利用黑光灯诱杀。

（2）化学防治：可选用3%噻虫啉微囊悬浮剂2 000倍液，或用50%马拉硫磷乳油2 000倍液，或用2.5%溴氰菊酯乳油1 500～2 000倍液喷施灭杀。

二、苹毛丽金龟甲（图版2-7）

［分布与为害］

苹毛丽金龟（*Proagopertha lucidula* Faldermann），又名苹果金龟甲、苹毛金龟甲，属鞘翅目丽金龟科。广泛分布在全国各地，以黄河故道为重。主要为害草莓，还为害苹果、梨、桃、杏、李、海棠、樱桃、葡萄等果树，也为害杨、柳、榆等树木。在春季为害草莓花蕾、嫩叶，对花尤为嗜食，可把嫩蕾、花及嫩心叶食呈破碎状。

［形态特征］

成虫：体型小，卵圆形，背腹面较扁平。雄虫体长9.2～10.6毫米，雄虫体长9.3～12.5毫米。头部背面黑褐色，全体淡棕黄色有绿或紫色光泽，前胸背板多点刻，密被绒毛，前缘内弯，侧缘弧状外弯，后缘中央后弯。唇基长大，前缘略上卷，复眼黑色。触角9节。鞘翅茶色或黄褐色，微泛绿光，半透明，可透视后翅折叠的"V"字形。鞘翅上有排列成行的刻点。

幼虫：体乳白色，唯头部黄褐色。全长12～16毫米，头宽3～3.2毫米。

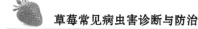

卵：椭圆形，长1.6～1.8毫米，初产卵乳白色，渐变黄白色，后期膨大至长1.8～2.4毫米。

蛹：体长14～16毫米，深黄色至深红褐色，背中线明显。

[发生规律]

苹毛丽金龟一年发生1代，秋天成虫羽化后蛰伏在土下越冬。每年3月开始，当地表平均温度达10℃以上时，成虫大量出土，特别是雨后出土更多，集中到草莓和一些林木果树上取食为害。发生多的年份可将整个花蕾、花朵食光，不能结果。成虫多在中午交尾，交尾后的成虫钻入10～20厘米的土层里产卵，每雌虫可产卵20～30粒。卵经过20天左右孵出幼虫，就近取食草莓等植物根，老龄幼虫转移到深层土壤，一般是距地面1米左右土层做土室化蛹，蛹经过20天左右羽化成成虫，在土室里越冬。成虫有假死性，早晚气温低时，树丛上的成虫遇到振动立即落地假死不动。

[防治方法]

（1）人工捕杀：成虫发生期间，利用清晨或傍晚温度低时，进行人工捕杀。

（2）化学防治：开花前用30%吡蚜·速灭威可湿性粉剂500倍液，或用50%马拉硫磷乳油1 000～2 000倍液，或用75%辛硫磷乳油1 000～2 000倍液喷雾杀虫。

第六节　地下害虫

一、蛴螬（图版2-8）

[分布与为害]

蛴螬是鞘翅目金龟甲总科幼虫的总称。蛴螬是普遍发生的地下害虫之一，分布广，为害大，食性很杂，主要为害草莓的根、茎以及幼苗等，成虫为害瓜菜、果树、林木的叶和花器。

[形态特征]

以铜绿丽金龟为例。

成虫：体长18～21毫米，宽8～12毫米，体铜绿色，额小盾片近半圆形，鞘翅长椭圆形，全身具有金属光泽。

卵：初产时长椭圆形，长约1.8毫米，宽约1.4毫米，乳白色，后期为圆形，孵化时近黄白色。

幼虫：体肥大，弯曲近"C"形。老熟幼虫体长30～40毫米，多为白色到乳白色，体壁较柔软、多皱，体表疏生细毛。头大而圆，多为黄褐色或红褐色，生有左右对称的刚毛。胸足3对，一般后足较长。腹部10节，臀节上生有刺毛。

蛹：体长20毫米，宽10毫米，初蛹白色，后渐变为淡黄色，体略向腹面弯曲，羽化前头部色泽变深，复眼变黑。

[发生规律]

蛴螬在我国年发生代数因种因地各不相同。一般一年发生1代，或2～3年1代，最长的有5～6年1代。蛴螬共3龄，1～2龄期较短，约25天；3龄期最长，可长达280天。蛴螬终生栖居土中，其活动主要与土壤的理化性质和温湿度等有关。蛴螬最适的平均土温为13～18℃，高于23℃，逐渐向下转移，到秋季土温下降再向上层转移，所以春秋季蛴螬为害严重。

［防治方法］

（1）农业防治：种植草莓时，避开马铃薯、甘薯、花生、韭菜等蛴螬为害严重的前茬地块；使用有机肥特别是鸡粪时一定要经过高温腐熟；春秋翻耕土地，减少虫源。

（2）生物防治：利用茶色食虫虻、金龟子黑土蜂、白僵菌等进行生物防治。

（3）化学防治：用50%辛硫磷乳油制成毒土撒施，或用2%吡虫啉颗粒剂撒于土表面。

二、小地老虎（图版2-9）

［分布与为害］

小地老虎（*Agrotis ypsilon* Rottemberg），别名土蚕、地蚕、黑土蚕、黑地蚕，属鳞翅目夜蛾科。在全国各地均有分布，主要为害草莓、苹果、葡萄、桃、李、柑橘、罗汉果、猕猴桃，以及苗圃各种果树、苗木，也为害各种蔬菜、各种农作物。在草莓上主要以幼虫为害近地面茎顶端的嫩心、嫩叶柄、幼叶及幼嫩花序和成熟浆果。

［形态特征］

成虫：体长16～23毫米，翅展48～51毫米，深褐色，前翅由内横线、外横线将全翅分为3段，具有显著的肾状斑、环形纹、棒状纹和2个黑色剑状纹；后翅灰色无斑纹。

卵：扁圆形，横径0.6毫米。纵径0.4～0.5毫米。初为淡黄色，孵化前灰褐色。卵顶部到底部有13～15根长棱，中部纵棱31～35根，纵棱间有细横格。

幼虫：体长36～52毫米，近圆筒形。体绿褐色、暗褐色至黑褐色，体表粗糙，布满黑色颗粒状斑点。

蛹：在土室中化蛹，蛹长18～24毫米，黄褐至暗褐色。

[发生规律]

一年发生代数由北至南不等，黑龙江2代，北京3～4代，江苏5代，福州6代，一般春季第一代对草莓为害最严重。在北方地区春季虫源多为南方迁入；在长江流域以老熟幼虫、蛹及成虫越冬；在广东、广西、云南则全年繁殖为害，无越冬现象。成虫夜间活动、交配产卵。卵产在5厘米以下矮小杂草上，尤其在贴近地面的叶背或嫩茎上，卵散产或成堆产，每雌虫平均产卵800～1 000粒。成虫对黑光灯及糖醋液趋性较强。幼虫共6龄，3龄前在地面、杂草或寄主幼嫩部位取食，为害不大；3龄后白天潜伏在表土中，夜间出来为害，动作敏捷，能自相残杀。老熟幼虫有假死性，受惊缩成环形。适宜小地老虎生长发育的温度范围为8～32℃，最适环境温度为15～25℃，相对湿度为80%～90%。当月平均温度高于25℃时，不利于生长发育，羽化成虫迁飞异地繁殖。小地老虎的卵发育起点温度为8.5℃，幼虫发育起点温度为11℃，蛹发育起点温度为10.2℃。

[防治方法]

（1）农业防治：清除园内外杂草，集中销毁，以消灭成虫和幼虫；栽前翻耕整地、栽后在春夏季多次中耕细耙，消灭表土层幼虫和卵块；发现有缺叶、断苗现象，立即在苗附近找出幼虫，并将其消灭。

（2）物理诱杀：利用成虫的趋性，使用黑光灯和糖醋液诱杀越冬成虫。

（3）毒饵诱杀：在幼虫高发期，将鲜菜叶切碎或米糠炒香，拌5.7%氟氯氰菊酯乳油800倍液，于傍晚时撒放植株行间或根际附近；也可用制好的鲜菜叶毒饵，分成小堆放在田间，每亩50～70堆，每堆1千克左右。

（4）化学防治：在1～2龄幼虫盛发高峰期，施用2.5%溴氰菊酯乳油2 000～2 500倍液，或用5.7%氟氯氰菊酯乳油1 200～1 500倍液，或用50%辛硫磷乳油1 200倍液等地面喷雾防治；也可每亩用3%辛硫磷颗粒剂4.0～5.0千克在根际条施或点施；保护地内还可采用15%异丙威熏蒸剂，每亩250～300克。施药时宜选择傍晚进行。

三、蝼蛄（图版2-10）

[分布与为害]

蝼蛄在我国为害较普遍的是华北蝼蛄（*Gryllotalpa unispina* Saussure）和东方蝼蛄（*Gryllotalpa orientalis* Burmeister）两种，均属直翅目蝼蛄科，别名拉拉蛄、地拉蛄。蝼蛄是一种多食性害虫，成虫和若虫主要为害草莓幼根和根茎，导致植株不能正常生长发育，最后植株死亡。

[**形态特征**]

成虫：东方蝼蛄体长29～35毫米，灰褐色，腹部近纺锤形，前足腿节内侧外缘较直，缺刻不明显，后足背面内侧有刺3～4根。华北蝼蛄体长39～66毫米，黄褐色，腹部近圆形，前足腿节内侧弯曲，缺刻明显，前胸背板心形凹陷不明显，后足胫节背面内侧有刺仅1根或无。

[**发生规律**]

华北蝼蛄3年发成1代，东方蝼蛄在南方地区1年发生1代，在北方地区2年发生1代。两种蝼蛄均以成虫或若虫在土壤中越冬，其深度在冻土层以下和地下冰位以上。翌年春季3月下旬到4月上旬随地温升高而向上移动；4月中旬进入表土层窜成许多隧道为害取食；5—6月为为害高峰期；6月下旬至8月上旬为产卵期；到9月上旬以后大批若虫和新羽化的成虫从地下土层转移到地表活动，形成秋季为害高峰期；10月中旬以后，随着气温下降转冷，蝼蛄陆续入土越冬。蝼蛄有趋光性，对麦麸等有趋性，多在低湿地活动为害。东方蝼蛄喜在潮湿地5～10厘米深处作卵室产卵，每雌虫产卵30～80粒。华北蝼蛄喜在盐碱地、地埂、畦堰或松软地产卵，每雌虫可产卵120～160粒。卵期25天，若虫共14龄。

[**防治方法**]

参照小地老虎防治要点。

四、沟金针虫（图版2-11、图版2-12）

[分布与为害]

沟金针虫（*Pleonomus canaliculatus* Faldermann），属鞘翅目叩甲科。又叫沟叩头虫、沟叩头甲、土蚰蜒、钢丝虫。主要分布在辽宁、内蒙古、甘肃、宁夏、青海、陕西、山西、北京、河北、河南、山东、安徽、江苏、湖北等地。除为害草莓外，还为害苹果、梨、树莓、黑莓等多种果树苗木、农作物及观赏树木的苗木。幼虫在土中取食草莓幼苗、根系，致使植株丧失生长能力，随之枯萎死亡，造成缺苗断垄，甚至全部毁种。

[形态特征]

老熟幼虫：体长20～30毫米，细长筒形略扁，体壁坚硬而光滑，具黄色细毛，尤以两侧较密，体黄色，前头和口器暗褐色，头扁平，上唇呈三叉状突起，胸、腹部背面中央呈一条细纵沟。尾端分叉，并稍向上弯曲，各叉内侧有1个小齿。各体节宽大于长，从头部至第9腹节渐宽。

[发生规律]

2～3年发生1代，以成虫和幼虫在土中越冬。雌虫无飞翔能力，每雌产卵32～166粒，平均产卵94粒；雄成虫善飞，有趋光性。卵发育历期33～59天，平均42天。每年3—5月幼虫开始为害，在食料充足的条件下，当年体长可至15毫米以上，到第三年8月下旬，幼虫成熟，于16～20厘米深的土层内做土室化蛹，蛹期12～20天，平均约16天。9月中旬开始羽化，当年在原蛹室内越冬。在北京，3月中旬10厘米深土温平均为7℃时，幼虫开始活动；3月下旬土温达9℃时，开始为害；4月上中旬土温为15～17℃时为害最严重；5月上旬土温为19～23℃时幼虫则逐渐趋向于在13～17厘米深土层栖息；6月10厘米土温达到28℃以上时，下潜至深土层越夏；9月上旬至10月上旬，土温下降到18℃时，幼虫又到表土层活动；10月下旬随土温下降，幼虫开始下潜，潜于27～33厘米深的土层越冬。

［防治方法］

（1）预报预测：做好预测预报工作，掌握虫口密度和发生盛期，及时防治。

（2）化学防治：播种前或移植前施用10%二嗪磷颗粒剂，每亩用量400克，混干细土3千克均匀撒在地表，深耙20厘米，也可撒在定植穴或栽植沟内，浅覆土后再定植；也可用40%辛硫磷乳油，每亩用量200～250克，加水10倍，喷于25～30千克细土上制成毒土，拌匀撒在地面，随即耕翻，或混入厩肥中施用，或结合灌水施入；也可用5%辛硫磷颗粒剂，每公顷用量为2.5～3千克处理土壤。

第七节　蛾类

一、斜纹夜蛾（图版2-13、图版2-14）

［分布与为害］

斜纹夜蛾［*Prodenia litura*（Fabricius）］，属鳞翅目夜蛾

科。别名斜纹夜盗蛾、莲纹夜蛾、莲纹夜盗蛾等。在全国各地均有分布，食性较杂，除为害草莓外，主要为害十字花科蔬菜、茄科蔬菜、豆类、瓜类、菠菜、葱、空心菜、马铃薯、藕、芋等多种植物。以幼虫食叶、花蕾、花及果实，初时造成草莓叶片叶肉残留上表皮和叶脉，严重时可将叶片吃光、落花、落蕾，导致花朵不能开放，另外，幼虫排泄粪便会造成污染和腐烂。

[形态特征]

成虫：体长14～20毫米，翅展35～46毫米，体暗褐色，胸部背面有白色丛毛，前翅灰褐色，花纹多，有3条白色斜阔带纹，所以称斜纹夜蛾。后翅白色，无斑纹。

幼虫：老熟幼虫体长35～47毫米，头部黑褐色，胴部体色因寄主和虫口密度不同而异：土黄色、青黄色、灰褐色或暗绿色，背线、亚背线及气门下线均为灰黄色及橙黄色。从中胸至第9腹节在亚背线内侧有三角形黑斑1对，其中以第1、第7、第8腹节的最大。

卵：扁半球形，卵粒结集成3～4层的卵块，表面覆盖有灰黄色疏松的绒毛。

蛹：体长15～20毫米，圆筒形，末端细小，赤褐色至暗褐色，腹部背面第4～7节近前缘处有一个圆形小刻点，有1对强大而弯曲的臀刺。

[发生规律]

一年发生4～9代，一般以老熟幼虫或蛹在田边杂草中越冬。成虫昼伏夜出，飞翔力强，对光、糖醋液等有趋性，产卵前需取食蜜源补充营养，每雌平均产卵3~5块，400~700粒。卵多产于下部叶片背面。初孵幼虫在卵块附近昼夜取食叶肉，留下叶片表皮，呈白纱状后转黄，俗称"开天窗"。2~3龄开始转移为害，也仅取食叶肉。4龄后进入暴食期，昼伏夜出。老熟幼虫有假死性及自相残杀性，入土1~3厘米，作土室化蛹。在田间虫口密度过高时，幼虫有成群迁徙习性。

［防治方法］

（1）物理防治：清除温室内外杂草；结合田间作业清除卵块、幼虫及被为害的叶片；设置杀虫灯、性诱剂或糖醋液诱杀。

（2）化学防治：最佳防治期在卵盛期至2龄幼虫盛期。在卵高峰期可选用5%氟虫脲乳油2 000~2 500倍液喷雾；在低龄幼虫始盛期选用10%虫螨腈悬浮剂1 500倍液，或用25%灭幼脲悬浮剂1 500~2 000倍液，或用4.5%高效氯氰菊酯乳油800倍液，或用2.5%溴氰菊酯乳油2 000~2 500倍液等喷雾防治。应注意不同农药交替使用，以延缓抗性的产生。在给草莓植株均匀喷药防治的同时，也要注意防治根际附近地面上的幼虫。

（3）生物防治：在卵孵化初期至3龄幼虫盛期，用10亿PIB/毫升斜纹夜蛾核型多角体病毒悬浮剂1 000~1 500倍液喷雾。

二、棉褐带卷蛾（图版2-15）

［分布与为害］

棉褐带卷蛾（*Adoxophyes orana* Fischer von Roslerstamm），别名苹小黄卷蛾、远东褐带卷蛾、茶小卷蛾、棉小卷蛾、橘卷蛾、斜纹卷蛾，属鳞翅目卷蛾科。分布在除西北、云南、西藏之外的全国各地。主要为害草莓、豆类、棉花、黑莓、悬钩子、荔枝、苹果、梨、山楂、桃、李、柑橘等，以低龄幼虫取食嫩叶、新芽、花和果实造成为害，被害叶片叶肉呈纱状和孔洞，多雨时会腐烂脱落。

[形态特征]

成虫：体长6~9毫米，翅展13~23毫米，黄褐色。触角丝状，下唇须明显前伸较长，第2节背面成弧状，末节稍向下垂。前翅略呈长方形，基斑、中带、端纹深褐色，后翅淡黄褐色微灰。腹部淡黄褐色，背面色暗。

卵：扁平椭圆形，直径约0.7毫米，淡黄色半透明，孵化前黑褐色，数十粒成块状鱼鳞般排列。

幼虫：体长13~15毫米，细长，翠绿色，头小淡黄白色，略呈三角形，头壳两侧单眼区上方有1黑褐色斑。前胸盾和臀板与体色相似或淡黄色，胸足淡黄或淡黄褐色。低龄体淡黄绿色。

蛹：9~11毫米，较细长，初绿色后变黄褐色，2~7腹节背面各有两横列刺，前列刺较粗，后列刺小而密，均不到气门，尾端有8根沟状臀刺，向腹面弯曲。

[发生规律]

黄河故道一年发生4代，辽宁、华北3代，以低龄幼虫在缝隙内结白色薄茧越冬。发芽时开始出蛰，出蛰幼虫为害幼芽、花蕾和嫩叶，老熟后卷叶化蛹，蛹期6~9天。成虫昼伏夜出，有趋光性，对果汁果醋和糖醋液有趋性。羽化后1~2天可交尾产卵，卵多产于叶背面，每雌可产卵百余粒。卵期6~10天，初孵幼虫多分散在卵块附近的叶背，在卷叶内为害，也可为害果实。

[**防治方法**]

（1）生物防治：释放天敌，松毛虫赤眼蜂可针对棉褐带卷蛾的卵，甲腹茧蜂、狼蛛、白僵菌可用于防治幼虫。在卵和幼虫发生期放蜂，每代放蜂3~4次，间隔5天左右。

（2）农业防治：及时摘除被为害的卷叶，减少虫源；利用糖醋液诱杀成虫。

（3）化学防治：越冬幼虫出蛰期及第一代卵孵化盛期是施药的关键时期，可用25%喹硫磷乳油1 000~2 000倍液，或用22%噻虫·高氯氟微囊悬浮剂2 000倍液，或用5%高氯·甲维盐微乳剂400~500倍液，或用2.5%联苯菊酯乳油4 000~5 000倍液，或用25%灭幼脲悬浮剂2 000倍液等喷雾防治。采收前9天停止用药。

三、大造桥虫（图版2-16）

[**分布与为害**]

大造桥虫［*Ascotis selenaria*（Denis & Schiffermuller）］，又名棉大造桥虫，属鳞翅目尺蛾科。分布于国内大部分地区，在草莓上主要为害叶片，初孵幼虫剥食正面叶肉，2龄后即可吃成缺刻和孔洞，中老龄幼虫可将全叶吃光，严重时仅剩主脉，也取食花蕾、花和幼果。除为害草莓外，还可为害柑橘、树莓、柿、梨、桑、栗、棉花、大豆、蚕豆、花生、向日葵、麻、多种蔬菜、水杉等农林作物。

[形态特征]

雌蛾体长约16毫米，体色变异较大，一般淡灰褐色，散布黑斑及黄色鳞片。前后翅上的4个星及内外线为暗褐色。后翅暗灰带白色，杂黑色及黄色鳞片，底面银灰色。内外横线黑褐色波状，前翅中线不完整，后翅的完整；两翅中室顶角处均有1环状纹。缘毛有褐斑。

卵：长约0.7毫米，宽约0.4毫米。

幼虫：老熟幼虫体长38～49毫米，圆筒形，行动或静止时身体中间常拱起呈桥状，故名造桥虫。头黄褐色，比前胸明显宽大，头顶两侧有黑点1对。胸足褐色，腹足黄绿，端部黑色。

[发生规律]

在长江流域一年发生4代，末代幼虫于9月底至10月下旬入土化蛹越冬。翌年3月下旬开始羽化。成虫飞翔力弱，白天静伏树干等处，夜间活动交配，趋光性强。羽化后1～3天产卵，数十粒至一二百粒成堆产于树皮缝、土壤缝隙、作物秸秆叶鞘及屋檐瓦缝等处。雌蛾产卵量越冬代约200粒，以后各代1 000～2 000粒。卵可随水流传播。夏季40天完成1代，卵期5～8天，初孵幼虫吐丝随风飘移传播扩散，幼虫期18～20天。蛹期9～10天，成虫寿命6～8天。

［防治方法］

（1）生物防治：生产中注意保护悬茧姬蜂、蜘蛛、食虫蟒等自然天敌。

（2）化学防治：可选用2.5%溴氰菊酯乳油2 000～3 000倍液，或用50%辛硫磷乳油1 000～1 500倍液，或用2.5%高效氯氟氰菊酯微乳剂1 000～2 000倍液，或用25%灭幼脲悬浮剂1 500倍液喷雾防治。

四、梨剑纹夜蛾

［分布与为害］

梨剑纹夜蛾（*Acronicta rumicis* Linnaeus），属鳞翅目夜蛾科。国内主要分布在除西藏和西北以外的广大地区，主要以幼虫为害草莓、树莓、苹果、梨等叶片，除为害叶片之外，在春季还食害幼嫩花蕾、花序和幼果，造成经济损失。

［形态特征］

成虫：体长14毫米左右，翅展32～46毫米，头部及胸部棕灰色杂黑白色，额棕灰色，有一黑带，跗节黑色有淡褐色环；腹部背面浅灰色带棕褐色，基部毛簇微带黑色；前翅灰棕色有杂白、黑色鳞片，后翅棕黄色，边缘深暗，缘毛白褐色。

卵：半球形，宽约0.5毫米，高约0.35毫米。卵面中部有近百条纵棱，以双序式排列。纵棱间有微凹横格、初产乳白色，孵化前暗褐色。

幼虫：灰褐色，带有大理石纹，背面有一列黑斑，中央有橘红色点，亚背线有一列白点，体长28～33毫米。初孵时灰绿褐色，被黑色长毛，2龄期体色和毛色多变。黑头型：头部黑褐色有光泽，体略显褐色，背线为黄白至枯黄斑点，腹面紫褐或灰棕线，胸足及腹足黑褐色。红头型：头部红褐色，头亮。同一个卵孵化出来的幼虫可以兼具红头型、黑头型和许多中间型的幼虫。

［发生规律］

自北向南一年发生2～5代，北方以蛹，南方以蛹及幼虫越冬。成虫昼伏夜出，对糖醋液、黑光灯有较强的趋性，羽化后2～3天后产卵，卵多产于叶背面，数十粒至数百粒成块，幼虫一共6个龄期，幼虫早起群集取食。5～6龄幼虫进入暴食期，每只幼虫每天可食毁1～3个草莓叶片，幼虫尤喜食花蕾、花、花枝、果梗及嫩果，损失大。老熟幼虫在叶片上吐丝结黄色薄茧化蛹。9月下旬开始老熟，入土作茧化蛹越冬。

［防治方法］

（1）生物防治：保护并利用天敌。

（2）农业防治：结合田间管理及时摘除老叶和被害叶片。

（3）物理防治：用糖醋液或黑光灯诱杀成虫。

（4）化学防治：参照斜纹夜蛾防治方法。

五、花弄蝶

［分布与为害］

花弄蝶（*Pyrgus maculatus* Bremer et Grey），属鳞翅目蝶亚

目弄蝶科，又名山茶斑弄蝶。在中国的北京、吉林、黑龙江、辽宁、河北、山东、山西、河南、陕西、四川、西藏、云南、江西、福建、内蒙古、青海等地都有发生。主要为害草莓、醋栗、绣线菊、黑莓等。幼虫以白色粗丝缀连一至数叶呈开放式虫苞，头伸出包外取食叶片，幼虫食叶呈缺刻或孔洞，严重的仅残留叶柄，影响开花结实及幼苗繁育。

[形态特征]

成虫：体长14～16毫米，翅展28～32毫米，全体黑褐色，翅面有白斑。复眼黑褐色光滑。触角棒状，腹面黄至黄褐色，背面黑褐色，具黄色环；端部膨大处腹面黄至浅橘红色，背面棕色。胸、腹部背面黑色，胫片黄色，腹末端黄白色，前翅黑色，基部2/5内杂黄色鳞，中区至外区约具16个白至灰白色斑纹，缘线白色，缘毛灰黄色，翅脉端棕黑色。后翅、前翅同色，约有8个白斑，中部2个较大，外缘6个较小；缘线与缘毛同前翅。翅反面色较鲜艳，前翅顶角具以锈红色大斑。腹部腹面、侧面及基部棕褐色，后半部灰黄色，前足稍小，各足棕色。

幼虫：体形似直纹稻苞虫、黄绿至绿色，长18～22毫米，头褐色或棕褐色，毛绒状，胸部明显细缢似颈，前胸最细，褐色至黑褐色，角质化，有丝光。腹部宽大，至尾部逐渐扁狭，末端圆。胸足黑色，腹足5对。气门细小、暗红色。中胸至腹部各节体表密布淡黄色小毛片及细毛。

卵：淡绿色半球形，宽约0.7毫米，高约0.6毫米。

蛹：18～20毫米，宽4.2～5毫米，淡褐至褐色，体表有蜡质白粉，腹末有臀棘4根，末端钩状。

［发生规律］

华南地区一年生3代，以蛹越冬。各代幼虫分别在4月至6月上旬，7—10月，9月下旬至11月下旬化蛹。室内观察，9月下旬化蛹的10月上旬陆续羽化，不能羽化的转入越冬状态，至翌年4月底羽化。卵散产于草莓嫩头、嫩叶及嫩叶柄上。初龄幼虫卷嫩叶边做成小虫苞，或在老叶叶面吐白色粗丝做成半球形网罩，躲在其间取食叶肉。在野生寄主托盘上，因叶薄嫩，能将幼叶对折包成饺子形，在内剥食叶肉，吃成白色膜，并不断转苞为害。在草莓上，幼虫以白色粗丝缀合多个叶片组成疏松不规则大虫苞，将头伸出取食。3龄幼虫每天可取食1片单叶，一生转苞多次。幼虫行动迟缓，除取食和转苞外，很少活动。

［防治方法］

（1）农业防治：利用幼虫结苞和不活泼的特点，在田间管理同时进行人工捕杀。

（2）生物防治：保护蜘蛛、蓝蟪和寄生蜂等天敌，以增强天敌调控作用。

（3）化学防治：喷施25%灭幼脲悬浮剂1 500倍液，或10%高效氯氟氰菊酯水乳剂1 000倍液，使幼虫不能正常脱皮、变态而死亡。采收前7天停止用药。

六、红棕灰夜蛾

［分布与为害］

红棕灰夜蛾［*Polia illoba*（Butler）］，别名苜蓿紫夜蛾，

属鳞翅目夜蛾科行军虫亚科。主要分布在黑龙江、内蒙古、河北、甘肃、江苏、江西等地。主要于春秋两季食害草莓嫩心、嫩蕾、花序和幼果，春季为害严重。除为害草莓外，还为害枸杞、桑、黑莓等浆果作物，以及豆科作物、棉花、荞麦、苜蓿、十字花科蔬菜及榆刺槐、蔷薇、石竹等植物。

[形态特征]

成虫：体长15～18毫米，翅展38～42毫米。棕色至红棕色，腹部褐色，腹端具褐色长毛。前翅上剑纹粗大，褐色；环纹灰褐色，圆形；肾纹不规则，较大，灰褐色；外缘棕褐色，锯齿形；亚端线在中脉后不成锯形；缘毛褐色。翅基片长，毛笔头状。后翅大部分红棕色，基部色淡，缘毛白色。触角黄白色。下唇须红棕色向上斜伸。足红棕色，胫节具长毛，前足胫节外侧具白边，前、中足胫节基部无黑点。各足跗节均有白色环。

卵：半球状，宽约0.65毫米，高约0.4毫米，中间具纵棱约50条，棱间有细横格，初产浅绿色，后变紫褐色。

幼虫：末龄幼虫体长35～45毫米，头宽3～3.5毫米，具褐色网纹，单眼黑色，前胸盾褐色，背线和亚背线各具1纵列黄白色小圆斑，圆斑上生出棕褐色边，每节每列5～7个，毛片圆形黑色；气门线黑褐色，沿上方具深褐色圆斑；气门下线浅黄色至黄色，腹足颜色与体色相同。初孵幼虫浅灰褐色，腹部紫红色，全体布有大而黑的毛片，足呈尺蠖状，取食后至3龄幼虫绿色或青绿色，4龄后出现红棕色型，6龄时基本都成为红棕色。

蛹：长18～20毫米，宽6～7毫米，深褐色，下颚须达第4腹节后缘，蛹体较粗糙，臀棘短粗，末端分成二叉。

［发生规律］

吉林、银川一年生2代，以蛹越冬，翌年吉林第一代成虫于5月上旬出现，6月上旬出现第一代幼虫，8月上旬第二代成虫始见，交配产卵常把卵产在叶面或枝上，每雌产卵150～200粒；银川第一代成虫5月中下旬出现，第2代成虫于7月下旬至8月上旬出现。1～2龄幼虫群聚在叶背食害叶肉，有的钻入花蕾中取食，3龄后开始分散，4龄时出现假死性，白天多栖息在叶背或心叶上，5～6龄进入暴食期，每天可吃光1～2片草莓叶片，末龄幼虫食毁草莓的嫩头、蕾花、幼果等，影响草莓翌年产量。幼虫进入末龄后于土内3～6厘米处化蛹。成虫有趋光性。幼虫白天隐居叶背，主要在夜间取食，受惊扰有蜷缩落地习性。

［防治方法］

（1）预测预报：开展预测预报工作，春季发蛾多时要保护蕾花期的草莓免受为害。

（2）农业防治：摘除病老残叶，捕杀幼虫。

（3）生物防治：保护和利用齿唇茧蜂、蜘蛛、蓝蝽等天敌。

（4）化学防治：参照斜纹夜蛾防治方法。

七、古毒蛾

［分布与为害］

古毒蛾［*Orgyia antiqua*（Linnaeus）］，别名落叶松毒蛾、缨尾毛虫、褐纹毒蛾、桦纹毒蛾，属鳞翅目毒蛾科。在中国华北、东北、西北、西南地区都有分布。主要为害草莓、苹果、梨、山楂、李、榛、杨、柳、桦、松、花生、大豆等。低龄幼虫主要啃食嫩芽、嫩叶和叶肉，造成叶片缺刻和孔洞，严重时把整个叶片吃光。

［**形态特征**］

成虫：雌雄异型；雌体长10～22毫米，翅退化，体略呈椭圆形，灰色到黄色，有深灰色短毛和黄白色茸毛，头很小，复眼灰色触角丝状，足被黄毛，爪腹面有短齿。雄体长8～12毫米，体灰褐色，前翅黄褐色至红褐色，触角羽状。

卵：近球形，直径约0.9毫米，白色变为灰黄色，中央凹陷。

幼虫：体长25～36毫米，头部灰色到黑色，有细毛。体黑灰色，有红、白灰纹。腹面浅黄色，有红色和淡黄色毛瘤，瘤上生黄色和黑色毛。前胸呈橘黄色，两侧及第8腹节背面中央各有1束黑色羽状长毛；腹部背面中央有黄灰到深褐色刷状短毛。

蛹：雄10～12毫米，锥形；雌15～21毫米，较细长，黑褐色，被灰白色茸毛。

茧：丝质较薄，灰黄色，上有幼虫体毛和碎叶等杂物。

［**发生规律**］

在北方一年发生1～3代，以卵在茧内越冬。雌虫将卵产在茧内、茧上或茧附近，每雌产卵150～300粒。初孵幼虫2天后开始取食，群集于幼芽、嫩叶上取食，能吐丝下垂借风雨传播。稍大分散为害，多在夜间取食，常将叶片吃光，幼虫5～6龄。老熟后结茧化蛹，8月前后蛹羽化出成虫后经交尾后产卵越冬。

［防治方法］

（1）农业防治：冬季清洁田园、大棚，以减少草莓田周围越冬幼虫。

（2）生物防治：保护天敌，主要天敌有小茧蜂、细蜂、姬蜂及寄生蜂等寄生性天敌。

（3）化学防治：重点在发生较整齐的第一代幼虫，可喷洒10%虫螨腈悬浮剂1 500倍液，或用2.5%甲维·灭幼脲悬浮剂2 000倍液，或用2.5%溴氰菊酯乳油2 000倍液，或用20%甲氰菊酯乳油3 000倍液，2.5%高效氯氟氰菊酯乳油2 500倍液等，相隔2周再喷一次。

八、大蓑蛾

［分布与为害］

大蓑蛾（*Clania variegata* Snellen），又名大袋蛾，属鳞翅目蓑蛾科。国内大部分地区都有分布。幼虫主要为害草莓叶片，严重时可把地上部分全部吃光，也会为害多种果树和林木。

［形态特征］

成虫：成虫雌雄异型。雌成虫体肥大，淡黄色或乳白色，无翅，足、触角、口器、复眼均有退化，头部小，淡赤褐色，胸部背中央有一条褐色隆起，胸部和第一腹节侧面有黄色毛，第七腹节后缘有黄色短毛带，第八腹节以下急骤收缩，外生殖器发达。雄成虫为中小型蛾子，翅展35～44毫米，体褐色，有淡色纵纹。前翅红褐色，有黑色和棕色斑纹，在R4与R5间基半部、

Rs与M隔脉间外缘、M2与M3间各有1个透明斑，R3与R4、M2与M3共柄，A脉与后缘间有数条横脉；后翅黑褐色，略带红褐色；前、后翅中室内中脉叉状分支明显。

卵：椭圆形，直径0.8～1.0毫米，淡黄色，有光泽。

幼虫：雄虫体长18～25毫米，黄褐色，蓑囊长50～60毫米；雌虫体长28～38毫米，棕褐色，蓑囊长70～90毫米。头部黑褐色，各缝线白色；胸部褐色有乳白色斑；腹部淡黄褐色；胸足发达，黑褐色，腹足退化呈盘状，趾钩15～24个。

蛹：雄蛹长18～24毫米，黑褐色，有光泽；雌蛹长25～30毫米，红褐色。

[发生规律]

安徽、浙江、江苏、湖南等省一年发生1～2代，江西2代，台湾2～3代。多以3～4龄幼虫，个别以老熟幼虫在枝叶上的护囊内越冬。在气温达到10℃左右时，越冬幼虫开始活动和取食，由于此间虫龄高，食量大，会对草莓叶片造成严重为害。5月中下旬后幼虫陆续化蛹，6月上旬至7月中旬成虫羽化并产卵，当年1代幼虫于6—8月发生，7—8月为害最重。第2代的越冬幼虫在9月间出现，冬前为害较轻。雌蛾寿命12～15天，雄蛾2～5天，卵期12～17天，幼虫期50～60天，越冬代幼虫240多天，雌蛹期10～22天，雄蛹期8～14天。成虫多在下午羽化，雄蛾喜在傍晚或清晨活动，靠性引诱物质寻找雌蛾，雌蛾羽化翌日即可交配，交尾后1～2天产卵，每雌产600粒左右，个别高达3 000粒，雌虫产卵后干缩死亡。幼虫多在孵化后1～2天下午先取食卵壳，后爬上枝叶或飘至附近枝叶上，吐丝黏缀碎叶营造护囊并开始取食。

幼虫老熟后在护囊里倒转虫体化蛹在其中。

［防治方法］

（1）农业防治：进行田间管理时，发现虫囊及时摘除，集中烧毁。

（2）生物防治：注意保护蓑蛾疣姬蜂、松毛虫疣姬蜂、桑蟥疣姬蜂、大腿蜂、小蜂等天敌昆虫；可喷洒杀螟杆菌或青虫菌等生物药剂进行防治。

（3）化学防治：掌握在幼虫低龄盛期喷洒0.9%阿维·印楝素乳油1 500倍液，或用50%辛硫磷乳油1 500倍液，或用2.5%溴氰菊酯乳油4 000倍液。

九、肾毒蛾（图版2-17）

［分布与为害］

肾毒蛾（*Cifuna iocuples* Walker）别名肾纹毒蛾、大豆毒蛾、飞机刺毛虫，属鳞翅目毒蛾科。肾毒蛾是草莓上的常见毛虫之一，食性杂，在全国各地均有分布。除为害草莓外，还为害多种果树和蔬菜、豆、绿豆、苜蓿、蚕豆、柿、柳等多种农林作物。初孵幼虫集中在叶背取食叶肉，大龄幼虫分散为害，食叶成缺刻或孔洞，严重时仅留主脉。在田间具有为害期长、食量大、为害重的特点。

［形态特征］

成虫：体长15~20毫米，雌蛾翅展40~50毫米，雄蛾翅展34~40毫米。触角干褐黄色，栉齿茶褐色或褐色；下唇须、头、胸和足深黄褐色；腹部褐色；后胸和第2、第3腹节背面各有一黑色短毛束。雌蛾触角短栉齿状；雄蛾羽毛状，体较小。前翅有2条深褐色横带纹，带纹之间有一肾形环斑；后翅黄褐色。

卵：半球形，淡青绿色，直径约0.9毫米，顶端稍凹。

幼虫：体长40毫米左右，黑褐色，亚背线、气门下线橙黄色，前胸及第9腹节各有1对斜伸的黑色长毛束，前胸毛束最长，第1～4腹节背面毛束甚密，暗茶褐色，第1、第2腹节侧面和第8腹节背面毛束黑色，第3腹节侧面毛束白色，其余各节散生白色小毛束。第6、第7腹节背面有黄色翻缩腺，腹面暗褐色。

蛹：体长约20毫米，红褐色，背面有黄色长毛，第1～4节腹部背面有灰色疣突。

[**发生规律**]

江淮与黄淮一年发生3代，江南4～5代，均以3龄幼虫在枯枝落叶或树皮缝等处越冬，南方发生重于北方。各个世代通常在不同植物转移完成，但由于草莓生育期长，可以完成周年生活史。幼虫3龄前群聚叶背啃食叶肉，吃成罗网或孔洞状，4龄食量大增，5～6龄暴食期每天可吃1～3片单叶。越冬代幼虫春季暴食期与草莓蕾花期相遇，也为害花和果实，对结果量和果形有明显影响，以后各代均会影响育苗质量。

[**防治方法**]

（1）物理防治：灯光诱杀成虫，结合田间管理捕杀在叶背的低龄幼虫团，压低越冬虫口基数和各代为害基数。

（2）化学防治：3龄前喷施10%吡虫啉可湿性粉剂2 500倍

液，或用50%辛硫磷乳油1 000～1 500倍液，或用17%甲维·虫螨腈悬浮剂1 000倍液，或用25%灭幼脲悬浮剂2 000倍液。

（3）生物防治：在卵孵化盛期，用5 000IU/毫克苏云金杆菌可湿性粉剂2 000～3 000倍液喷雾，隔7～10天喷第二次。

十、茸毒蛾

［分布与为害］

茸毒蛾［*Dasychira pudibunda*（Linnaeus）］，属鳞翅目毒蛾科，别名苹叶纵纹毒蛾、苹毒蛾、苹红尾毒蛾。主要分布在河北、山西、黑龙江、吉林、辽宁、山东、河南、陕西等北方各地。主要以幼虫为害草莓叶片，食量较大，会造成叶片缺刻或孔洞等。除为害草莓外，还可为害山楂、李、苹果、梨、樱桃、桃、杏、蔷薇、泡桐、杨、柳、榆、悬钩子、紫藤以及各种草本植物。

［形态特征］

成虫：雄虫翅展35～45毫米，雌虫翅展45～60毫米。头、胸部灰褐色。触角干灰白色，栉齿黄棕色；下唇须白灰色，外侧黑褐色；复眼四周黑色；足白黄色，胫节、跗节上有黑斑。腹部灰白色。雄蛾体褐色，前翅灰白色，分布黑色和褐色鳞片，亚基线黑色略带波浪形，内横线具黑色宽带，横脉纹灰褐色有黑边，外横线黑色双线大波浪形，缘线具一列黑褐色点，缘毛灰白色，有黑褐色斑；后翅白色带黑褐色鳞片，缘毛灰白色。雌蛾色浅，内线和外线清晰，末端线和端线模糊。

卵：扁圆形，黄青绿色至浅褐色，中央具1个凹陷。

幼虫：老熟幼虫体长52毫米左右，体黄绿色或黄褐色，头部黄色，第1～5腹节间黑色，第5～8腹节间微黑色，亚背线在5～8腹节为间断的黑带，体腹面黑灰色，前胸两侧有向前伸的黄色毛束，第1～4腹节背面各有一褐黄色毛刷，四周生白毛，第8腹节背面有一紫红色毛束。足黄色，跗节上有长毛。腹足基部黑色，外侧有长毛，气门灰白色。

蛹：浅褐色，背生长毛束，腹面光滑，臀棘短圆锥形，末端具多个小钩。

茧：黄褐色，外附幼虫体毛。

[发生规律]

东北一年发生1代，以幼虫越冬。长江下游地区一年发生3代，以蛹在树皮缝、杂草丛、屋檐下等处越冬。翌年4月中下旬成虫羽化，多在夜间羽化、交尾、产卵。成虫具趋光性，雄性较雌性趋光性强，昼伏夜出，白天静伏于叶子背面、树木伤疤、裂缝处，成虫寿命4～7天。越冬代成虫产卵于树皮上，其他代成虫产卵于叶片上，成块状排列。卵历期10天左右。5月上旬出现第一代幼虫，6月下旬出现第2代幼虫，8月中旬出现第3代幼虫，9月上旬幼虫开始化蛹，进入越冬期。幼虫共5龄，1～2龄期群集生活，啃食叶肉。3龄期后，幼虫较活跃，善于爬行，分散取食。进入5龄期，食量大增，可将叶片食光。幼虫受惊后体蜷缩，假死落地片刻后，迅速爬行。幼虫期体色黑黄、浅黄等色多变。幼虫化蛹多在树皮缝、枝杈、伤疤、丛枝中。茸毒蛾靠成虫迁飞传播，靠交通工具携带幼虫远距离传播。

草莓常见病虫害诊断与防治

［防治方法］

（1）农业防治：加强栽培管理，增强草莓的抵抗力。及时清理田间杂草、落叶、老叶，减少虫源。

（2）化学防治：在茸毒蛾幼虫发生高峰期，喷洒2.5%溴氰菊酯乳油3 000～5 000倍液，或25%灭幼脲悬浮剂2 000倍液。

十一、小白纹毒蛾

［分布与为害］

小白纹毒蛾（*Notolophus australis posticus* Walker），属鳞翅目夜蛾科，别名毛毛虫、刺毛虫、棉古毒蛾。主要分布在江西、福建、广西、四川、广东、云南、台湾等南方地区。主要为害草莓、桃、葡萄、柑橘、梨、杧果、茶、棉等70多种农作物。

［形态特征］

成虫：雄体长24毫米左右，黄褐色、前翅具暗色条纹；雌虫翅退化、全体黄白色，呈长椭圆形、体长约14毫米。

卵：白色，光滑。

幼虫：体长22～30毫米。头部红褐色，体部淡赤黄色，全身多处长有毛块，且头端两侧各具有长毛1束，胸部两侧各有黄白毛束1对，尾端背方亦生长1束毛。

蛹：幼虫老熟后，在叶和枝间吐丝，结茧化蛹，蛹黄褐色。

［发生规律］

每年3—5月发生多，成虫羽化后因不善飞行，雌蛾常攀附在茧上，等待雄蛾飞来交尾，并把卵产在茧上。卵块上常覆有雌蛾体毛，初孵幼虫有群栖性，大龄幼虫开始分散取食叶片，老熟幼虫在叶和枝间吐丝作茧化蛹。茧上常覆有幼虫体毛，雄虫茧常小于雌虫茧。

［**防治方法**］

参照古毒蛾防治方法。

十二、角斑台毒蛾（图版2-18）

［**分布与为害**］

角斑台毒蛾［*Teia gonostigma*（Linnaeus）］，属鳞翅目毒蛾科，别名杨白纹毒蛾、囊尾毒蛾、角斑古毒蛾、赤纹毒蛾、梨叶毒蛾、核桃古毒蛾。角斑台毒蛾多分布于黑龙江、吉林、辽宁、山西、河北、河南、甘肃等北方地区。主要为害草莓、苹果、梨、桃、杏、李、梅、樱桃、山楂、柿、榛、杨、柳等。主要以幼虫食芽、叶和果实。初孵幼虫群集叶背取食叶肉，留上表皮及叶脉；2龄后开始分散活动为害，为害幼苗多从基部蛀食成孔洞，致幼苗枯死；嫩叶常被食光，仅留叶柄；大龄幼虫食叶呈缺刻或孔洞，严重时仅留粗脉；果实常被食成不规则的凹斑和孔洞，幼果被害时会造成果实脱落。

［**形态特征**］

成虫：雌蛾体长17毫米，长椭圆形，无翅，体上有灰和黄白色绒毛。雄体灰褐色，体长15毫米，前翅红褐色，翅展30毫米，翅顶角处有1个黄色斑，后缘角有新月形白色斑1个。

[发生规律]

东北一年发生1代，河北、山西、河南、甘肃年发生2代。均以2~3龄幼虫于杂草、落叶等被覆物下越冬。一代区：越冬幼虫5月间出蛰取食为害，6月底老熟幼虫吐丝缀叶结茧化蛹，蛹期6~8天。7月上旬开始羽化，雄蛾白天活动，雌蛾多于茧上栖息，雄蛾飞来交配。卵多产于茧的表面，分层排列成不规则的块状，上覆雌蛾腹末的鳞毛，每雌产卵150~240粒，卵期14~20天。孵化后分散为害，蜕2次皮后陆续潜伏越冬。二代区：4月上中旬开始出蛰活动为害，5月中旬开始化蛹，蛹期15天左右，越冬代成虫6—7月发生，每雌产卵170~450粒，卵期10~13天。第一代幼虫6月下旬开始发生，第一代成虫8月中旬至9月中旬发生。第二代幼虫8月下旬开始发生，2~3龄后，潜入越冬场所越冬。一般9月中旬开始陆续进入越冬状态。

[防治方法]

（1）农业防治：冬季清除落叶、老叶、病叶，集中烧毁，以减少越冬虫源。成虫发生期发现卵块及时摘除。

（2）化学防治：参照古毒蛾防治方法。

十三、丽毒蛾（图版2-19）

[分布与为害]

丽毒蛾〔*Calliteara pudibunda*（Linnaeus）〕，属鳞翅目毒蛾科，别名苹毒蛾、苹红尾毒蛾。在河北、山西、辽宁、吉林、黑龙江、山东、河南、陕西、台湾等区域均有发生。主要为害草莓、枇杷、山楂、苹果、梨、樱桃、蔷薇、桃等。幼虫食叶造成植株叶片缺刻或孔洞，虫口密度大时，为害严重。老熟幼虫将叶卷起结茧。

［**形态特征**］

成虫：雄蛾翅展35～45毫米，雌蛾45～60毫米。头、胸部灰褐色。触角干灰白色，栉齿黄棕色；下唇须白灰色，外侧黑褐色；复眼四周黑色；体下面及足白黄色，胫节、跗节上有黑斑。腹部灰白色。雄蛾前翅灰白色，有黑色及褐色鳞片，内区灰白色明显，中区色较暗，亚基线黑色略带波浪形，内横线具黑色宽带，横脉纹灰褐色有黑边，外横线黑色双线大波浪形，缘线具一列黑褐色点，缘毛灰白色，有黑褐色斑；后翅白色带黑褐色鳞片和毛、横脉纹、外横线黑褐色，缘毛灰白色。

幼虫：末龄幼虫体长52毫米左右，体黄绿色或黄褐色。1～4腹节间绒黑色，每节前缘红褐色；5～7腹节间微黑色；亚背线在5～8腹节间为间断的黑带；体腹面黑灰色，中央生1条绿黄色带，带上有斑点；体背黄色长毛。前胸背面两侧各具1束向前伸的黄色毛束；第8腹节背面有1束向后斜的棕黄色至紫红色毛。头、胸足黄色，跗节上有长毛。腹足黄色，基部黑色，外侧有长毛，气门灰白色。

［**发生规律**］

东北年发生1～2代，以幼虫越冬。长江下游地区年发生3代，以蛹越冬。翌年4月下旬羽化，1代幼虫出现在5月至6月上旬，2代幼虫发生在6月下旬到8月上旬，3代发生在8月中旬至11

月中旬，越冬代蛹期约6个月。成虫羽化后当晚即交配产卵，每卵块20～300粒，1～2代多产卵在叶片上，越冬代喜产在树干上。幼虫历期25～50天。

［防治方法］

（1）农业防治：加强田间管理，减少越冬虫源。

（2）化学防治：参照古毒蛾防治方法。

十四、丽木冬夜蛾（图版2-20）

［分布与为害］

丽木冬夜蛾（*Xylena formosa* Butler），属鳞翅目夜蛾科冬夜蛾亚科，别名台湾木冬夜蛾。主要分布在江苏、台湾等地。主要为害草莓、黑莓、牛蒡、豌豆、烟草等。初孵幼虫专食嫩头、嫩心、咬断嫩梢，迟发的幼虫直接为害嫩蕾。虫口密度大时每头幼虫每天毁掉数个嫩头和叶片。

［形态特征］

成虫：体长25毫米左右，翅展54～58毫米。头部和颈部浅黄色，胸部棕褐色，腹部褐色。前翅浅褐灰色，中线黑棕色，肾纹大，灰黑色，后翅淡褐色，足红褐色。

幼虫：黄褐色，4个龄期。各龄幼虫变异很大，1～3龄时体细长，青绿色半透明，头绿色，进入3龄后期头体增至数倍，体绒绿色，背管青绿色，各体节肥大，节间膜缢缩，4龄体黄褐色至红褐色不透明，前胸硬皮板黑褐色近方形。

[发生规律]

华南地区年发生一代，以完全成长的成虫在土下的蛹壳中越冬。翌年3—4月间羽化出土，幼虫于4月下旬始见，5—6月老熟，入土后吐丝结茧蛰伏越夏，9—10月间化蛹。

[防治方法]

（1）生物防治：注意保护和利用天敌。天敌有螳螂、蜘蛛和鸟类。

（2）化学防治：见花弄蝶。

十五、棉双斜卷蛾（图版2-21）

[分布与为害]

棉双斜卷蛾［*Clepsis strigana*（Hubner）］，属鳞翅目卷蛾科，别名抱叶虫。主要分布在东北、华北、华东、中南、西南等地部分省区，沿海地区更重些。幼虫孵化后在草莓嫩心缀疏丝连成松散虫苞，食害嫩叶嫩心和幼蕾嫩花序，也可食害幼果。嫩叶展开后呈不规则圆形孔洞，蕾、花及幼果上吃成孔洞或半残，并可食毁幼嫩花穗梗。

[形态特征]

成虫：体长7毫米，翅展15~20毫米，下唇须前伸，末节下垂。前翅浅黄色至金黄色，具金属光泽。雄蛾具前缘褶，翅面上有2条红褐色斜斑，一条不明显，从前缘1/4处通向后缘的1/2处；另一条明显，从前缘的1/2通向臀角，顶角的端纹延伸至外缘。

雄蛾后翅浅褐色，雌蛾黄白色。

卵：半球形，初产时淡黄色，扁平鱼鳞状成块排列，孵化前色暗。

幼虫：老熟幼虫体长12～15毫米，头部及尾部偏小，略呈纺锤形。头部黄绿略带淡褐色发亮，前胸硬皮板后缘两侧各有一斜菱形黑褐色纹，各节毛片及毛白色。

[发生规律]

江南地区年发生4代，以幼虫和蛹越冬。翌年3月下旬成虫出现，4月中旬幼虫盛发，5月中旬至6月中旬2代幼虫盛发，以后各代重叠。在草莓上以第1～2代发生为害最重，幼虫吐丝将新叶、嫩头卷缀在一起，潜居其中，将整张叶片结成饺子形虫苞。取食时将头伸出，取食为害嫩叶花蕾、花、果实、果梗。幼虫一年要转苞1～3次，为害多株草莓，破坏性大，局部损失严重。

[防治方法]

（1）农业防治：综合田间管理，清除虫叶，捏杀虫苞中的幼虫。

（2）生物防治：保护并利用天敌；也可喷洒8 000IU/微升苏云金杆菌悬浮剂100～200倍液进行防治。

（3）化学防治：越冬幼虫出蛰盛期及第二代卵孵化盛期时喷洒25%喹硫磷乳油1 000倍液，50%马拉硫磷乳油1 000倍液，或用2.5%高效氯氟氰菊酯乳油2 000倍液，或用2.5%联苯菊酯乳油3 000倍液，或用25%灭幼脲悬浮剂2 000倍液等，采收前9天停止用药。

十六、草莓镰翅小卷蛾

[分布与为害]

草莓镰翅小卷蛾［*Ancylis comptana*（Frolich）］，属鳞翅目卷蛾科。国内在东北、江西、江苏等地均有发生。除为害草莓外，还为害黑莓和月季等植物。

[形态特征]

成虫：小型蛾，翅展12～15毫米。头部白色，唇须前伸，背面和里面发白，外面褐色至黑色。第2节鳞毛特长，末节有的全部被遮盖；前翅狭长，白褐色，顶端显著突出，加上缘毛上花纹很像镰刀状，后翅及缘毛灰褐色。

卵：长约0.5毫米，宽约0.3毫米，鲜黄色，扁长卵形单粒或数粒稀疏排列，产于叶背面。

幼虫：细长，头淡黄色，上颚褐色，体黄绿色至绿色。前胸黄绿带褐色，各有一个近圆形黑斑。各体节长有前后两列片毛，毛片污白色，近圆形，微隆起，腹部各节背面4个毛片呈梯状排列。臀板两侧各有一近三角形黑斑。

[发生规律]

草莓镰翅小卷蛾在江苏一年发生4～5代，10—11月以老龄幼虫在老叶上的封闭式虫苞中结茧越冬。翌年春季3—4月化蛹，4—5月羽化，后为1代幼虫期，2代幼虫于6月中旬至7月上旬盛发，7月中下旬2代蛾盛发，8月上旬3代蛾盛发，8月底4代蛾盛发，8—10月世代重叠现象严重。夏季成虫产卵期前2～3天，每头雌虫产卵20~30粒。卵期3~5天，幼虫历期约20天。幼虫孵化后先在幼嫩叶片边缘卷成狭长小苞，并可将整叶对折成饺形虫苞，虫苞接缝处有细密发亮白丝为其特征，幼虫在苞内剥食叶肉，有转苞习性，可食毁1~3片不等的单叶。

[防治方法]

（1）农业防治：秋冬清洁田园，摘除虫苞集中烧毁，减少越冬虫源。加强水肥管理，促进植株健壮生长，既利于增产，又能提高抗虫耐虫能力。

（2）化学防治：参照棉双斜卷蛾防治方法。

第八节　蟭类

一、茶翅蟭（图版2-22、图版2-23、图版2-24）

[分布与为害]

茶翅蟭（*Halyomorpha picus* Fabricius），属半翅目蟭科，别名臭木蟭、茶色蟭。除新疆、青海外广布全国各地。主要为害草莓、梨、苹果、海棠、桃、李、杏、山楂、樱桃、梅、柑橘、石榴等。成虫、若虫吸食叶、嫩梢及果实汁液，导致刺吸点上叶脉变黑，叶肉组织颜色变暗、枯萎、枯死，刺吸草莓浆果易形成畸形果。

[**形态特征**]

成虫：体长12～16毫米，宽6.5～9.0毫米。体色淡黄色至灰褐色，具黑刻点，背面金绿色。触角黄褐色，喙伸达第1腹节中部。头部侧缘有明显的弯曲。前胸背板有5个隐约的小黄点。翅褐色。腹面淡红褐色。腿部有锈色点，爪和喙末端黑色。

幼虫：共5龄，初孵幼虫体长1.5毫米左右，近圆形，2龄约5毫米，头黑色，体淡褐色，腹部淡橙黄色，各腹节两侧间各有一长方形黑斑，共8对。5龄幼虫体长12毫米，翅芽伸达第3腹节后缘，腹部茶褐色，老熟若虫与成虫相似，无翅。

卵：圆筒形，长约0.7毫米，短圆筒形，初灰白色，孵化前黑褐色，卵块最少为28～50粒，卵排列成六边形。

[**发生规律**]

以成虫在空房、屋角、檐下、土缝、石缝及草堆等处越冬。北方5月上旬陆续出蛰活动，6月上旬至8月产卵，多产于叶片背面，卵期10～15天。6月中下旬为卵孵化盛期，8月中旬为成虫盛期，9月下旬成虫陆续越冬。成虫受到惊扰或触动后会分泌臭液，并逃逸。

[**防治方法**]

（1）农业防治：清除田间杂草；结合田间管理，在成虫产卵盛期摘除叶上的卵块或若虫团。

（2）化学防治：越冬成虫出蛰前及低龄若虫期，喷洒4.5%高效氯氰菊酯乳油800倍液，或用2.5%溴氰菊酯乳油3 000倍液，或用1.8%阿维菌素乳油3 000倍液，或用5%高氯·甲维盐微乳剂800倍液。

二、麻皮蝽（图版2-25）

[分布与为害]

麻皮蝽［*Erthesina fullo*（Thunberg）］，属半翅目蝽科，别名麻纹蝽、麻椿象、臭虫母子、黄霜蝽、黄斑蝽。分布于全国各地。主要为害草莓、油菜、苹果、梨、山楂、李、桃、杏、樱桃、葡萄、石榴、龙眼等多种植物。以成虫和若虫刺吸叶片、果实及嫩梢。

[形态特征]

成虫：体长18～24毫米，宽8～11毫米，体稍宽大，密布黑色点刻，背部棕黑褐色，头两侧有黄白色的脊边。复眼黑色。触角5节，黑色、丝状。前胸背板前侧缘略呈锯齿状，腹部腹面中央有凹下的纵沟。足基节间褐黑色，跗节端部黑褐色。

卵：近鼓状，顶端具盖，周缘有齿，灰白色。不规则块状，数粒或数十粒粘在一起，排列整齐。

若虫：初孵时近圆形，白色，有红色花纹，常头向内群集在卵块周围，2龄后分散为害，老熟若虫与成虫相似。体红褐色或黑褐色，体长6毫米，头端至小盾片具1条黄色或微现黄红色细纵线。触角4节，黑色，第4节基部黄白色。足黑色。腹部背面中央具纵裂暗色大斑3个，每个斑上有横排淡红色臭腺孔2个。

[发生规律]

一年发生1代，以成虫于杂草或枯枝落叶下及墙缝、屋檐下越冬。翌年春季3—4月在草莓上开始活动。5—7月交配产卵。卵多产于叶背，卵期10～15天，7月卵陆续孵化，7—8月羽化为成虫，10月开始越冬。成虫飞翔力强，有假死性，受惊扰时分泌臭液。

[防治方法]

参考茶翅蝽。

三、点蜂缘蝽（图版2-26）

[分布与为害]

点蜂缘蝽（*Riptortus pedestris* Fabricius），属半翅目缘蝽科，别名白条蜂缘蝽、豆缘蝽象。分布在浙江、江西、广西、四川、贵州、云南等国内大部分省份。在草莓上主要是成虫为害，露地栽培的草莓地常是成虫的越冬场所之一。除为害草莓外，还为害苹果、梨等果树和多种农作物。点蜂缘蝽成虫、若虫以口器刺吸草莓叶片、叶柄、花蕾、花的汁液，造成死蕾、死花及畸形果。

[形态特征]

成虫：体长15～17毫米，宽3.2～3.5毫米，全体黄棕色至黑褐色。头三角形，前胸背板两侧呈棘状，腹部、前部缢狭，头胸部两侧的黄色光滑斑纹呈斑状或消失。触角第1节长于第2节，第4节长于第2、第3节之和。前胸背板及胸侧板有许多不规则的黑色颗粒。臭腺沟长，向前弯曲，几乎达到后胸侧板的前缘，腹部侧接缘黑黄相间。后足腿节具刺列，胫节弯曲，短于腿节，中部色淡。

［发生规律］

点蜂缘蝽在国内自北向南一年发生2~4代，以成虫在落叶、草莓株丛和草丛中越冬。翌年春季3—4月开始活动，卵产于叶背、嫩梢上。成若虫均极活跃，急行善飞，除为害草莓外，还为害各种豆类、棉、麻、丝瓜、稻、麦等植物。成虫必须吸食植物的生殖器官后，方能正常发育及繁殖。

［防治方法］

（1）农业防治：清洁田园，及时清除杂草和落叶，减少越冬虫源。

（2）化学防治：可喷施2.5%溴氰菊酯乳油1 000~2 000倍液，或用70%吡虫啉水分散粒剂3 000~5 000倍液，注意连同周围杂草一起喷药。

第九节　蜗牛类

一、同型巴蜗牛

［分布与为害］

同型巴蜗牛［*Brddybaena similaris*（Ferussac）］，属腹足

纲柄眼目巴蜗牛科，别名水牛。分布于我国黄河流域、长江流域及华南各省，是我国常见为害农作物的陆生软体动物之一。初孵幼螺只取食叶肉，留下表皮，稍大个体则用齿舌将叶、茎磨成小孔或将其吃断。除为害草莓外，寄主植物还有石榴、柑橘、金橘及多种蔬菜、花卉等。

[形态特征]

成螺：头上有两对触角，眼在触角顶端，口在头部腹面，有唇须，足在身体腹面；贝壳中等大小，壳质厚，坚实，呈扁球形；壳高9~13毫米，宽11~18毫米，有5~6个螺层，顶部几个螺层增长缓慢，略膨胀，螺旋部低矮，体螺层增长迅速，壳顶钝，缝合线深，壳面呈黄褐色或红褐色，有稠密而细致的生长线，壳口呈马蹄形，口缘锋利，轴缘外折，遮盖部分脐孔；脐孔小而深，呈洞穴状；个体之间形态变异较大。

卵：圆球形，直径2毫米，乳白色有光泽，渐变淡黄色，近孵化时为土黄色。

幼螺：初孵幼螺高约1毫米，有1~2个螺层，逐渐增大至4~5螺层。

[发生规律]

一年繁殖1代，以成螺或幼螺在田间作物根部、草堆、土缝中越冬。多在早春开始活动，5—6月产卵，每个成体可产卵30~235粒，大多产在根际疏松湿润的土中、缝隙中、枯叶或石块下。6—7月形成第一个幼贝高峰，9月下旬随着气温下降，出现第二个为害高峰。喜生活于潮湿的灌木丛、草丛中、田埂上、乱石堆里、枯枝落叶下、作物根际土块和土缝中以及温室、菜窖附近的阴暗潮湿、多腐殖质的环境，昼伏夜出，适应性极广。当温度在11～18℃，土壤含水量在20%～30%时，有利于其取食活动及生长发育，高温干旱或低温时不利于生长或造成死亡。

[防治方法]

（1）农业防治：清洁田园、铲除田间杂草；在蜗牛发生地，撒适量生石灰；在5—6月蜗牛产卵期中耕松土，11月冬耕，杀灭卵和幼螺，减少虫口密度。

（2）人工诱杀：利用树叶、菜叶等诱集堆放，集中捕杀。

（3）物理防治：用茶籽饼粉3千克撒施或用茶籽饼粉1～1.5千克加水100千克，浸泡24小时后，取其滤液喷雾。

（4）化学防治：每亩用6%四聚乙醛颗粒毒饵500g，在傍晚均匀撒在草莓行间及基部；喷洒74%速灭·硫酸铜可湿性粉剂1 000倍液，或用50%辛硫磷乳油1 000倍液进行防治。

（5）生物防治：积极保护利用蟾蜍、青蛙、蚂蚁、鸟类等天敌，创造良好生态环境，保护自然天敌，或人工饲养释放，是一条稳定控制蜗牛的有效途径。

二、薄球蜗牛

[分布与为害]

薄球蜗牛（*Truticiola ravida* Benson），属腹足纲柄眼目，别名刚蜗。主要分布上海、浙江等地。为害草莓、白菜、豆类、玉米、花卉及多种果树等。成螺或幼螺靠舌头上的锉形组织和舌头两侧角质带状组织上布满的细小牙齿取食草莓叶片以及根茎。

［形态特征］

成螺体灰黄褐色，螺壳上散生灰黑色斑纹，具5层螺层，头部有长、短触角各1对；幼螺形态和颜色与成螺极相似，体型略小，螺层多在4层以下。卵圆球形，初为白色，孵化前变为灰黄色，有光泽。

［发生规律］

在上海、浙江一带年发生1代，11月下旬以成螺和幼螺在田埂土缝、残株落叶等物体下越冬，翌年3月上中旬开始活动。白天潜伏，傍晚或清晨取食，遇有阴雨天多整天栖息在植株上。4月下旬到5月上中旬开始交配，卵成堆产在植株根茎部的湿土中，初产的卵表面具黏液，后干燥成块状。初孵幼螺群集为害，后分散。遇有高温干燥条件，蜗牛常把壳口封住，潜伏在潮湿的土缝中或茎叶下，待条件适宜时外出取食，11月中下旬又开始越冬。

［防治方法］

参见同型巴蜗牛。

三、非洲大蜗牛

［分布与为害］

非洲大蜗牛（*Achatina fulica*），属腹足纲柄眼目。别名非洲巨蜗牛、露螺、褐云玛瑙螺、东风螺、菜螺。广泛分布于中国的福建、广东、广西、云南、海南、台湾等地。为害草莓、黄瓜、西瓜、玉米和甘蔗等20多种农作物的叶片，产生的大量排泄物和爬行留下的白色黏质性痕迹严重影响草莓品质。

[**形态特征**]

成螺：非洲大蜗牛与一般的蜗牛相比，体型较大，体长约7~8厘米，最大可达20厘米，壳质稍厚。从外部形态特征上看，螺体呈卵圆形，螺旋部呈圆锥形，体螺层庞大，壳顶尖的缝合线明显，壳面多数呈黄色或深黄底色，带有焦褐色雾状花纹，体螺层上的螺纹不明显，壳口外唇易碎，内唇呈"S"形。轴缘外折，无脐孔。足部肌肉发达，背面呈暗棕黑色，遮面呈灰黄色，其黏液无色。

卵：椭圆形，色泽乳白或淡青黄色，外壳石灰质，长4.5~7毫米，宽4~5毫米。

幼螺：刚孵化的螺为2.5个螺层，各螺层增长缓慢，壳面为黄或深黄底色，似成螺。

[**发生规律**]

该种雌雄同体，异体交配，繁殖力强。每年可产卵4次，每次产卵150~300粒。卵孵化后，经5个月性发育成熟，成螺寿命一般为5~6年，最长可达9年。卵产于腐殖质多而潮湿的表土下1~2厘米的土层中或较潮湿的枯草堆、垃圾堆中，每头产卵量150~300粒。初孵的幼螺不取食，3~4天后开始取食，5~6个月性成熟。

［**防治方法**］

参见同型巴蜗牛。

四、灰巴蜗牛（图版2-27）

［**分布与为害**］

灰巴蜗牛［*Bradybaena ravida*（Benson）］，属腹足纲柄眼目巴蜗牛科，别名蜒蚰螺、水牛。分布在东北、华北、华东、华南、华中、西南、西北等地区。为害草莓、甘蓝、白菜、马铃薯、瓜类、棉花、豆类、玉米、大麦、小麦等。为害叶片成缺刻，严重时咬断幼苗，造成缺苗断垄。

［**形态特征**］

成螺：螺壳中等大小，壳质稍厚，坚固，呈圆球形。壳高约19毫米，宽约21毫米，有5～6个螺层，顶部几个螺层增长缓慢，略膨胀，体螺层急骤增长、膨大。壳面黄褐色或琥珀色，并具有细致而稠密的生长线和螺纹。壳顶尖，缝合线深，壳口呈椭圆形，口缘完整，略外折，锋利，易碎。触角两对，眼睛位于后触角上。脐孔狭小，呈缝隙状。个体大小、颜色变异较大。

卵：圆球形，大小2毫米，白色至淡黄色。

幼螺：浅褐色，体型较小，与成螺相似。

［**发生规律**］

以成螺和幼螺在田埂土缝、残株落叶、宅前屋后的物体下越冬。每年繁殖1～2代，卵产于草根、农作物根部土壤中、土缝中。喜栖息在植株茂密、低洼、潮湿处。温暖多雨天气及田间潮湿地块受害重。

[防治方法]

参见同型巴蜗牛。

第十节 其他为害叶片的害虫

一、油葫芦（图版2-28）

[分布与为害]

油葫芦（*Teleogryllus mitratus* Burmeister），属直翅目蟋蟀科，别名黄褐油葫芦、褐蟋蟀等。在全国各地均有分布。以成虫、若虫将草莓的叶片吃成缺刻或孔洞，还可咬断叶柄、茎，也吃浆果。

[形态特征]

成虫：雄体长26～27毫米，雌体长27～28毫米；雌、雄体前翅长17毫米。体型大，黄褐色，本种体色和特征与北京油葫芦相近，其特点为：体大，头顶不比前胸背板前缘隆起，背板前缘与两复眼相连接，"八"字形横纹微弱不明显。发音镜大，略呈圆形，其前胸体大弧形，中胸腹板末端呈"V"字形缺刻。

卵：长筒形，乳白色，微黄，表面光滑。

若虫：形似成虫，无翅或仅有翅芽。

［发生规律］

在我国北方年发生1代，以卵在土中2～3厘米处越冬。翌春4—5月间孵化，7—8月成虫盛发，成虫和若虫都喜夜晚活动。9月下旬至10月上旬雌虫营土穴产卵，多产于河边、沟旁、田埂等杂草较多的向阳地段，深2～4厘米。每雌虫产卵34～114粒。成虫寿命平均64天，长者达200余天，产卵后1～8天死亡。雄虫善鸣以引诱雌虫交尾，且善斗和互相残杀，常筑穴与雌虫同居。成虫和若虫平时好居暗处，但夜间扑向灯光，有趋光性。杂食性，但尤喜带油质和香味的作物。

［防治方法］

（1）毒饵诱杀：用50%辛硫磷乳油配制毒饵，每亩用药25～40毫升，拌炒香的饵料（如麦麸、豆饼、棉籽饼等）30～40千克，拌时要充分加水，在傍晚撒于草莓田周围。

（2）物理防治：在成虫发生时，用灯光诱杀；堆放杂草诱集，集中捕杀。

（3）农业防治：秋后或早春耕翻，将卵埋入深层使其不能孵化；及时清除田间杂草。

（4）化学防治：可选用0.3%印楝素可溶液剂1 000倍液，或用4.5%高效氯氰菊酯微乳剂1 000倍液喷施。

二、短额负蝗（图版2-29）

［分布与为害］

短额负蝗（*Atractomorpha sinensis* Bolivar），属直翅目蝗总

科锥头蝗科，别名尖头蚱蜢、中华负蝗。分布于全国各地，为多食性害虫。主要为害草莓叶片，其若虫只在叶的正面剥食叶肉，低龄时留下表皮，高龄若虫和成虫将叶片吃成孔洞或缺刻，严重时能吃掉所有叶片，影响植株正常生长发育。

[形态特征]

成虫：体长21～31毫米，体形瘦长，淡绿至褐色和浅黄色，并杂有黑色小斑。头部锥形，向前突出，先端伸出一对触角。后足发达为跳跃足。前翅绿色，后翅基部为红色。

卵：乳白色，长椭圆形，卵块外有黄褐色分泌物封固。

若虫：体似成虫，初为淡绿色，杂有白点。复眼黄色。前、中足有紫红色斑点，只有翅芽，俗称为"跳蝻"。

[发生规律]

华北地区年发生1代，长江流域年发生2代，均以卵在土中越冬。成虫和若虫善于跳跃，多在白天取食。交配时，雄成虫在雌虫背上交尾与爬行，故称之为"负蝗"。多数还可连续交配数次，并进行第二次产卵。一般将卵产于向阳的较硬的土层中，卵呈块状。

[防治方法]

（1）农业防治：在秋春两季铲除田埂、地边5厘米以上的土及杂草，把卵块暴露在地面晒干或冻死，也可重新加厚地埂，增加盖土厚度，使孵化后的蝗蝻不能出土。

（2）化学防治：抓住初孵蝗蝻集中为害杂草且扩散能力

较弱的时期，进行喷药防治。可选用的药剂有：2.5%溴氰菊酯乳油1 000倍液，或用10%高效氯氟氰菊酯水乳剂2 000～3 000倍液，或用20%氯虫苯甲酰胺悬浮剂5 000倍液。

（3）生物防治：保护利用麻雀、青蛙、大寄生蝇等天敌进行生物防治。

三、大青叶蝉（图版2-30）

大青叶蝉［*Cicadella viridis*（Linnaeus）］，属同翅目叶蝉科大叶蝉亚科。

［**分布与为害**］

广泛分布于全国各地，以成虫和若虫刺吸草莓叶、叶柄及花序的汁液，影响植株正常生长发育，一般造成损失较轻。

［**形态特征**］

成虫：体长8～10毫米，青绿色，头部黄色，单眼间有2个黑色小点。前翅表面绿色，末端呈灰白色，半透明状。

卵：长卵圆形，长约1.6毫米，宽0.4毫米，光滑，乳白色，上细下粗，中间稍弯曲，常6～13粒排成新月形。

若虫：初龄若虫体黄白色，3龄后呈黄绿色，体背有3条灰色纵体线；胸腹有4条纵纹，末龄若虫胸、腹部呈黑褐色，体线、翅芽明显，似成虫。

［**发生规律**］

长江以北一年发生3代，长江以南一年发生4～6代，以卵在苗木、幼树枝干表皮下越冬。翌年春天树液流动时卵开始发育，展叶时孵化，向阳枝条先孵。5—6月间出现成虫，7月下旬至8月中旬为第2代成虫出现期。9—11月出现第3代成虫。第1、第2代成虫多在草莓和禾本科植物上产卵，第3代成虫则迁往林木果树和蔬菜上。成虫、若虫行动敏捷、活泼，常横向爬行，善跳跃、飞行，趋光性强。10月下旬成虫群集于幼树枝干上产卵。

[防治方法]

（1）农业防治：成虫产卵越冬前，在草莓田周围的树干上涂白防止成虫产卵。在越冬卵孵化前消灭枝条上的冬卵。

（2）化学防治：虫口密度大时，使用50%啶虫脒水分散粒剂3 000倍液，或用10%吡虫啉可湿性粉剂1 000倍液喷雾防治，每10～15天喷洒1次。

（3）生物防治：保护和利用蟾蜍、青蛙、蜘蛛、鸟类及寄生蜂等天敌。

四、小家蚁

[分布与为害]

小家蚁（*Monamorium pharaonis* Linnaeus），属膜翅目蚁科。又名室黄蚁、家蚁、厨蚁和小黄家蚁。在我国北至沈阳，南至广东、广西、云南均有分布。草莓成熟后蚂蚁啃食果肉，先是一两头啃咬，后把信息传递给其他蚂蚁，蚁群出动把果实吃光，仅剩花器。同蚁群蚂蚁往往先吃一果后再吃一果，干旱年份干旱地块尤重，有时受害率达30%，使草莓失去食用价值。

［形态特征］

小家蚁蚁群中只有雌蚁、雄蚁和工蚁。

雌蚁：体长3～4毫米，腹部较膨大。

雄蚁：体短，体长2.5～3.5毫米，营巢后翅脱落只剩翅痕。

工蚁：体长1.5～2毫米，深黄色，腹部2～3节背面黑色。头、胸部、腹柄节具微细皱纹及小颗粒，腹部光滑具闪光，体毛稀疏，触角12节，细长，柄节长度超过头部后缘。前、中胸背面圆弧形，第1腹柄节楔形，顶部稍圆，前端突出长些，第2腹柄节球形，腹部长卵圆形。

蚁卵：乳白色，椭圆形。

［发生规律］

小家蚁多在7月、8月进行婚飞，随后雄蚁很快死亡，雌蚁产卵营巢在土下。整群聚集在一起，傍晚或阴天出洞浩浩荡荡产卵繁殖，首批繁殖的子蚁是工蚁。卵期7.5天，幼虫期18.5天，蛹期9天，从卵产出到发育为成虫共38天，每年完成4～5个世代。

［防治方法］

（1）农业防治：小家蚁为害严重地区要设法与水生蔬菜或水稻进行水旱轮作；旱地适时灌溉，抑制蚁害；草莓等浆果达到七至八成熟时即应采收，可减少为害。

（2）化学防治：先诱杀工蚁，用0.05%杀蚁饵剂与玉米芯粉或食用油拌匀，放在火柴盒里，每盒2～3克，每10平方米放1盒，再捕捉几只活的小家蚁放在盒内取食，引巢穴中的蚂蚁全来取食。浇灌90%敌百虫可溶性粉剂：石灰=1：1，兑水4 000倍液，每窝浇灌兑好的药液0.5千克。

五、蛞蝓

[分布与为害]

蛞蝓属软体动物门腹足纲柄眼目，是蛞蝓科动物的总称，俗称鼻涕虫。常见的有野蛞蝓（*Agriolimax agrestis* Linnaeus），黄蛞蝓（*Limax flavus* Linnaeus）。

在我国各地均有分布，主要为害草莓及各种蔬菜、农作物、食用菌。靠舌头上的锉形组织及舌头两侧的细小牙齿磨碎植物组织，为害草莓的嫩芽、嫩叶、嫩茎、幼苗受害造成缺苗断垄，成株叶片受害造成缺刻或孔洞，严重时只剩叶脉。其排泄物还易对草莓田造成污染，诱发菌类侵染，影响产量和质量。也会为害成熟期浆果，导致被食过的浆果失去经济价值。

[形态特征]

以野蛞蝓为例。

成体：体伸直时体长30～50毫米，体宽4～6毫米，扭曲不对称；长梭形，柔软、光滑而无外壳，体表暗黑色、暗灰色、黄白色或灰红色。头清晰可见，触须2对，暗黑色，眼生在触须顶端；口腔内有角质齿舌；体浅黄色，有深褐色网纹，体背前端具外套膜，边缘卷起；内脏囊被套腔盖住；呼吸孔在体右侧前方，其上有细小的色线环绕；腹面具爬行足，黏液无色；生殖孔在右触须后方约2毫米处。

卵：椭圆形，韧而富有弹性，直径2～2.5毫米；白色透明可见卵核，近孵化时色变深。

幼体：初孵幼虫体长2～2.5毫米，淡褐色；体形同成体。

[发生规律]

以成体或幼体在作物根部湿土下越冬。5—7月在田间大量活动为害，入夏气温升高，活动减弱，秋季天气凉爽后，又开始活动为害。在南方每年4—6月和9—11月有2个活动高峰期，在北方7—9月为害较重。完成一个世代约250天，5—7月产卵，卵产于湿度大且较隐蔽的土缝中，每隔1～2天产一次，每处产卵10粒左右，平均产卵量为300余粒。卵期16～17天，土壤含水量60%～85%有利于其生殖。野蛞蝓喜温暖、潮湿环境，怕光和干燥，强光下2～3小时即死亡，因此均在夜间活动，从傍晚开始出动，22：00达高峰，清晨之前又陆续潜入土中或隐蔽处。耐饥力强，在食物缺乏或不良条件下能不吃不动。黏重土、低洼处蛞蝓多，春秋多雨水后发生严重。

[防治方法]

（1）农业防治：采用高畦栽培、地膜覆盖、破膜提苗等栽培方法；施用充分腐熟的有机肥，创造不适于野蛞蝓发生和生存的条件；清理田园及棚室周围杂草，秋季耕翻破坏其栖息环境。

（2）物理防治：每亩用生石灰5～7千克，在为害期撒施于沟边、地头或作物行间驱避虫体；用黄瓜片、青菜叶子做诱饵，进行人工捕捉。

（3）化学防治：可用80%四聚乙醛可湿性粉剂1 000倍液喷

洒；也可用6%四聚乙醛颗粒剂，撒施在蛞蝓常出没的地方，每亩用药500～600克。

六、鼠妇

[分布与为害]

鼠妇（*Armadillidium vulgare* Latreille），属甲壳纲潮虫亚目等足目鼠妇科，别名潮虫、西瓜虫。在南方各地及北方温室均有发生。为害草莓、黄瓜、角瓜、油菜、白菜、芹菜、番茄、大豆、苋菜、空心菜等的幼芽、幼苗、嫩根，也取食草莓浆果、菜豆、茄子、甜椒及食用菌等。成虫和幼虫取食叶片，造成孔洞或缺刻，严重时吃光叶肉，仅留叶脉，造成缺苗断垄。

[形态特征]

成体：体长8～14毫米，体宽5～6.5毫米，长椭圆形，宽而扁，具光泽；体灰褐色或灰紫蓝色，胸部腹面略呈灰色，腹部腹面较淡白。体节13节，第1胸节于颈愈合，第8～9体节明显缢缩，末节呈三角形，各节背板坚硬；头宽2.5～3毫米，头顶两侧有复眼1对，眼圆形稍突，黑色；触角土褐色；长、短各1对，着生于头顶前端，其中长触角6节；端触角不显；口器小，褐色；腹足7对；雌体胸肢基部内侧有薄膜，左右会合形成育室。

卵：近球形或卵圆形，黄褐色。

幼体：初孵幼体白色，足6对，经过一次蜕皮后由足7对，蜕皮壳白色。

[**发生规律**]

北方2年发生1代，南方一年1代，以成体或幼体在土层、裂缝中越冬。该虫胎生繁殖，雌体产卵于胸部腹面的育室内，每雌产卵30余粒，卵经2个多月后在育室内孵化为幼鼠妇，随后幼体陆续爬出育室离开母体。幼体1~2天后蜕第一次皮，再经6~7天后进行第二次蜕皮，多随雌成虫群集在一起，幼体经多次蜕皮后便成熟。喜阴暗潮湿，不耐干旱，怕光，有假死性，在外物触碰下能将体躯蜷缩成球体，静止不动，在强光或外物触动消除后便恢复活动。昼伏夜出。成体、幼体多潜伏在根部湿土下，夜间出来取食。

[**防治方法**]

（1）农业防治：铲除棚室内外杂草，避免施用未经充分腐熟的有机肥；在越冬成虫出蛰期可用烂菜叶、碎薯块、腐草等堆积诱杀，并结合人工捕捉，效果良好。

（2）化学防治：拌毒土，用2.5%溴氰菊酯乳油每平方米苗床用药0.4毫升，也可用25%辛硫磷微胶囊2~4克，混土40克，撒于苗床上；叶面喷雾，在蔬菜苗期开始出现为害时，喷施5%啶虫脒可湿性粉剂2 000倍液，或用10%吡虫啉乳油1 500倍液。

参考文献

班丽萍，闫哲，裴志超，2020. 华北地区鲜食玉米栽培管理与病虫害防治[M]. 北京：中国农业科学技术出版社.

董伟，2012. 蔬菜病虫害诊断与防治彩色图谱[M]. 北京：中国农业科学技术出版社.

封洪强，李卫华，刘玉霞，等，2016. 蔬菜病虫草害原色图解[M]. 北京：中国农业科学技术出版社.

吕佩珂，苏慧兰，高振江，2014. 草莓、蓝莓、树莓、黑莓病虫害防治原色图鉴[M]. 北京：化学工业出版社.

尚巧霞，贾月慧，闫哲，2020. 生菜施肥技术与病虫害防治[M]. 北京：中国农业出版社.

相建业，张管曲，谢芳芹，等，2007. 草莓病虫害识别与无公害防治[M]. 北京：中国农业出版社.

闫哲，石芮竹，孙中华，等，2019. 北京地区草莓常见病虫害及其绿色防治方法[J]. 科学种养（8）：39-41.

曾祥国，朱国芳，陈丰滢，2019. 湖北地区草莓红叶病的发生与防治策略[J]. 湖北植保（6）：7-8，6.

图版1　草莓主要病害

图版1-1　草莓灰霉病果实发病症状

图版1-2　草莓白粉病叶片发病症状

图版1-3　草莓白粉病果实发病症状

图版1-4　草莓炭疽病果实发病症状

图版1-5 草莓根腐病

图版1-6 草莓"V"形褐斑病

图版1-7 草莓叶斑病

图版1-8 草莓红叶病

图版1-9 草莓蛇眼病

图版1-10　草莓枯萎病

图版1-11　草莓病毒病

图版1-12　草莓缺素症（缺钙）

图版1-13　草莓畸形果

图版2　草莓主要虫害

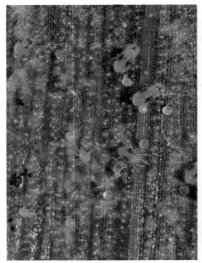

图版2-1　二斑叶螨

图版2-2　二斑叶螨为害状

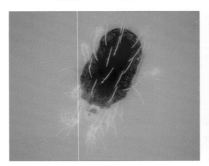

图版2-3　朱砂叶螨

图版2-4　桃蚜为害状

图版2-5　草莓粉虱

图版2-6　黑绒金龟甲

图版2-7　苹毛丽金龟甲

图版2-8　蛴螬

图版2-9　小地老虎成虫

图版2-10　东方蝼蛄

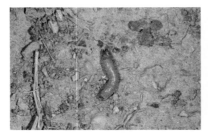

图版2-11　沟金针虫幼虫

图版2-12　沟金针虫成虫

图版2-13　斜纹夜蛾幼虫

图版2-14　斜纹夜蛾为害状

图版2-15　棉褐带卷蛾成虫

图版2-16　大造桥虫成虫

图版2-17　肾毒蛾

图版2-18　角斑台毒蛾幼虫

图版2-19　丽毒蛾幼虫

图版2-20　丽木冬夜蛾

图版2-21　棉双斜卷蛾

图版2-22　茶翅蝽初孵化若虫

图版2-23　茶翅蝽若虫

图版2-24　茶翅蝽

图版2-25　麻皮蝽

图版2-26　点蜂缘蝽

图版2-27　灰巴蜗牛

图版2-28　油葫芦

图版2-29　短额负蝗

图版2-30　大青叶蝉